学会改变，
和最好的自己
不期　　而遇

学着改变自己，因为你还有未被发现的潜能。

不掌握自己的命运，命运就会被别人所支配。

不改变现在的自己，生活就会一直止步不前。

中国华侨出版社

图书在版编目（CIP）数据

学会改变，和最好的自己不期而遇 / 张仲勇编著. —北京：中国华侨出版社，2016.9

ISBN 978-7-5113-6296-4

Ⅰ.①学… Ⅱ.①张… Ⅲ.①成功心理－青少年读物 Ⅳ.①B848.4-49

中国版本图书馆CIP数据核字（2016）第218132号

● 学会改变，和最好的自己不期而遇

| 编 著 / 张仲勇 |
| 责任编辑 / 文 喆 |
| 封面设计 / 一个人·设计 |
| 经 销 / 新华书店 |
| 开 本 / 710毫米×1000毫米 1/16 印张 / 16 字数 / 220千字 |
| 印 刷 / 北京一鑫印务有限责任公司 |
| 版 次 / 2016年10月第1版 2019年8月第2次印刷 |
| 书 号 / ISBN 978-7-5113-6296-4 |
| 定 价 / 32.00元 |

中国华侨出版社 北京市朝阳区静安里26号通成达大厦3层 邮编100028
法律顾问：陈鹰律师事务所
编辑部：（010）64443056　64443979
发行部：（010）64443051　传真：64439708
网　址：http://www.oveaschin.com
E-mail：oveaschin@sina.com

前　言

从古至今，人人都希望自己能够有一个好命运，所以，命运一直是人们思考的话题。但是，什么是命运？却一直没有人能够作出正确的回答。长久以来，人们一直都认为命由天定，在上天面前，每个人都只能服从，不可违背其行事。但我们真的甘心受命运的摆布吗？真的愿继续受命运的捉弄吗？

其实，命运是个欺软怕硬的东西，如果你不想也不敢改变自己的命运，那么只能忍受命运的摆布与戏弄。但如果你发奋一搏，往往能让自己的命运改变，出现"柳暗花明"的景象。

正如俗语所说，"十年河东，十年河西"，一个人的起点高，但这并不意味着他最终能够取得成功，一个人的起点低，但这也并不代表他会终生失败。起主导作用的是一个人能否改变自己，有许多"拐点"，决定着一个人的走向和未来。面对人生拐点，选择不同，那么，最终的结局也会不同。所以说，决定一个人命运的不是上天，而在于你是否能够抓住人生的拐点。

拐点伴随人的一生，是人一生都难以避开的选择题，它的出现通常没有明显征兆，往往不约而遇。有些拐点事后很久人们才能意识到。能否准确把握，关键在于人自身的定位、思路、机会的把握、与他人合作、坚持、行动、逆境、心态。

定位：许多人埋头苦干，却不知所为何来，到头来发现追求成功的阶梯搭错了边，却为时已晚。拐点不一定适合每一个人，什么拐点适合自己，需要准确把握和定位。

思路：思路是决定一个人成败的关键因素，在逆境和困境中，有思路就有出路；在顺境和坦途中，有思路才有更大的发展。

机会：机会是生活与命运这两条曲线中的交会点，决定了人一生中重要拐点的走势，如果你能看到它、把握它，那么，这个走势会将你从谷底带到顶峰，为你铺就好成功的道路，让你品尝到成功的甘美滋味。

合作：不论你现在身处哪一个位置，想要成功，想要获得成就，想要三年后的自己比现在更强大，你就要从现在开始，做一个合作的高手，把人、把事做漂亮。

坚持：古人云，古今成大事者。不唯有超世之才，亦有坚韧不拔之志。坚持，是人生拐点中谋求翻身的机会，是求得成功最重要的金钥匙。

行动：人生伟业的建立，不在于你有多么忙碌，而在于你是否能够行动，不在于你能知，乃在于能行。

逆境：在通往成功的道路上并不是一帆风顺的，会有许多的挫折发生，如果没有一个正确的认识，那么通往成功的路将是遥遥无期，穷尽一生也无法到达。

心态：在人生的旅途中，我们不知道经历多少个拐点，然而，细细思之，其实，人生的拐点就是心灵的拐点，因为你的生活是痛苦的还是幸福的取决于你的内心，取决于你心灵的深度和高度，所以说，一个人拥有好心态，才能在拐点中做最成功的自己。

也许我们无力改变生活中的缺憾，无法避免人生中的苦难。但如果我们能够改变自己，就会拥有完全不同的人生。那么，请你打开此书吧！这里会给你希望，让你振作；会给你指点迷津，给你方向，给你动力，给你力量，让你走得更远、更稳、更坚实！

目 录

第一章 定位

成功的道路千万条，而属于你的只有一条；三百六十行，行行出状元，你该选择哪一行？这里涉及一个认识问题，简单地说，就是找准自己的位置。许多人埋头苦干，却不知所为何来，到头来发现追求成功的阶梯搭错了边，却为时已晚。因此，准确定位自己，并拟定为目标的奋斗过程，方能激发自己不断向前的力量。自信人生二百年，会当击水三千里。科学合理地定位自己，方能在人生道路上乘风破浪，直挂云帆。

选择比努力更重要 / 2

定位人生，做好人生规划 / 5

人生重要的不是所站的位置，而是所朝的方向 / 9

没有借口 / 11

如何认识自己 / 14

成功的道路是目标铺就出来的 / 17

"自我设限"是对梦想的扼杀 / 20

人生是可以规划的 / 23

缺少抱负的人永远不会成功 / 26
自我确认 / 29
人贵在有自知之明 / 32
如何实现你的定位 / 35
合适的位置上才能发挥巨大的价值 / 38

第二章 思路

　　思路是决定一个人成败的关键因素之一，在逆境和困境中，有思路就有出路；在顺境和坦途中，有思路就有更大的发展。思路可以让你少奋斗十年，可以让你一飞冲天，可以让你在芸芸众生中脱颖而出。所以说，一个人能走多远，取决于他能想多远；一个人能有多大的成就，取决于他有多少通达四方的思路。

拥有怎样的思想，就会有怎样的人生 / 42
认识你的大脑 / 44
推销自己，才能遇见转机 / 48
要改变命运，先改变思路 / 50
激活你的想象力 / 53
思考产生智慧 / 55
追求知识，是成功的保证 / 58
创业要领，果断抓住商机 / 60
放下固有的思维模式 / 63
打开思路，推陈出新 / 66
思路有多远，出路就有多远 / 69

目录 CONTENTS //

第三章　机会

　　有的人一生荣华富贵，有的人一生贫困潦倒，有的人一生平平淡淡，有的人一生风光无限，其中缘由主要取决于一个人如何看待人生的转机。唐朝文豪韩愈说"动皆中于机会，以取胜于当世"，机会是生活与命运这两条曲线中的交汇点，决定了人生的走势，如果你能看到它、把握它，那么，这个走势会将你从谷底带到顶峰，为你铺就好成功的道路，让你品尝到成功的甘美滋味；相反，那么，你的命运注定只能与平庸为伍，任凭机会在你身边匆匆而过。所以说，人的一生最关键的是，在人生的转折点上能否走好关键的一两步，能否把握住那稍纵即逝的机遇。

　　不失时机地认识和利用机会 / 72

　　好品质带来好机会 / 74

　　嗅觉机遇需敏锐 / 76

　　创造机会，创造好运 / 78

　　审时度势，走向成功 / 81

　　准备孕育机会 / 84

　　风险与机遇并存 / 87

　　细节隐藏机会 / 90

　　看准时机再出手 / 93

　　信息争得先机 / 96

3

第四章　合作

红顶商人胡雪岩曾说过："一个人的力量到底是有限的，就算有三头六臂，又办得了多少事？要成大事，全靠和衷共济，说起来我一无所有，有的只是朋友。"诚然，不论你现在身处哪一个位置，想要成功，想要获得成就，想要三年后的自己，能获得成功，你就要从现在开始，学会与人合作，把人、把事做漂亮。

善借力者，方为智者 / 100

与优秀的人做朋友 / 101

学会与人合作 / 104

与人牵手，才能快乐合作 / 107

学会社交，你就能立足于社会 / 110

确定自己的角色 / 113

提高自己的分量，让周围人重视起来 / 116

第五章　坚持

　　人生如海，潮起潮落，既有春风得意、高竿入云的快乐，又有万念俱灰、跌入深渊的苦楚。古人云，古今成大事者。不唯有超世之才，亦有坚韧不拔之志。坚持，是求得成功最重要的金钥匙。

　　坚持，会迅速升值你的信念 / 120

　　懂得坚持，不要轻言放弃 / 122

　　坚韧不拔的意志使人无往不胜 / 125

　　坚持，会让你在下一个路口遇见成功 / 128

　　具备坚韧不拔的品格 / 130

　　不轻言失败 / 132

　　毅力，是征服者的灵魂 / 136

　　坚持过后便是成功 / 139

　　信念的力量 / 142

　　以恒心为友 / 145

　　用顽强的意志战胜人性的弱点 / 148

第六章　行动

　　人生伟业的建立，不在于你有多么忙碌，而在于你是否能够行动，不在于你能知，乃在于能行。克雷洛夫说："现实是此岸，理想是彼岸，中间隔着湍急的河流，行动则是架在河上的桥梁。"行动是产生结果的前提，行动是实现理想的助推器，行动更是一个人在转折处获得成功的保证。

　　100次心动不如1次行动／152

　　高效行动，绝不拖延／156

　　想成功，先行动／158

　　心动不如行动／162

　　成功属于果断的人／165

　　拖延是成功的大敌／168

　　想到不等于做到／172

　　等待难以实现理想／175

　　大胆出手，才能击败平庸／178

第七章　逆境

罗曼·罗兰说过："生活这把犁，它一面犁碎了你的心，一面掘开了生命的起点。"要想告别平庸，成为一个有所作为的人，就要有永不绝望的信念。人总是要在挫折中学习，在苦难中成长。要知道"雄鹰的展翅高飞，是离不开最初的跌跌撞撞的"。所以，遇到挫折无须忧伤，从逆境中走出，我们才会变得更加踏实、更加智慧。

挫折是成功的起点 / 182

从痛苦中提高自己 / 185

站起来，你会发现自己是强者 / 187

对待困难就是对待人生 / 190

压力即是前进的动力 / 193

学会在逆境中坚持 / 196

没有失败的人生不完整 / 199

从失意中看到希望 / 203

苦难的背后是祝福 / 205

找到失败的原因 / 207

第八章　心态

一位伟人说："要么你去驾驭生命，要么生命驾驭你。你的心态决定谁是坐骑，谁是骑师。"在人生的旅途中，我们不知道要经历多少事情，然而，细细思之，其实，人生的转折点就是心灵的转折点，因为你的生活是痛苦的还是幸福的取决于你的内心，取决于你心灵的深度和高度，所以说，一个人拥有好心态，才能在转折点中做最成功的自己。

非淡泊无以明志，非宁静无以致远 / 212

用你的热情铸就成功 / 215

乐观者往往是最后的赢家 / 218

好心态，助你拨云见日 / 220

卓越心态：成功的保证 / 224

进取心是一个成功人士必须具备的品质 / 226

保持积极的心态 / 229

不要怀疑自己 / 231

最优秀的人就是你 / 235

一定要有雄心 / 238

态度决定高度 / 240

第一章 定位

成功的道路千万条，而属于你的只有一条；三百六十行，行行出状元，你该选择哪一行？这里涉及一个认识问题，简单地说，就是找准自己的位置。许多人埋头苦干，却不知所为何来，到头来发现追求成功的阶梯搭错了边，却为时已晚。因此，准确定位自己，并拟定为目标的奋斗过程，方能激发自己不断向前的力量。自信人生二百年，会当击水三千里。科学合理地定位自己，方能在人生道路上乘风破浪，直挂云帆。

选择比努力更重要

俗话说，一个人摆错了位置就永远是庸才。的确，在人的一生中，多数情况下，一些人之所以失败，之所以从高处滑落到低处，主要的原因就是因为他们看不清楚自己的位置，自然，他们也难以找到发挥的舞台，只能像扔垃圾一样把自己随便安放，最终，一事无成。

所以说，无论你选择做什么事情，无论你对自己的将来有何种规划，都要懂得找准自己的位置，选择适合自己的。俗语有云"只有适合自己的才是最好的"。因此，找准自己的位置，才能集中全部的精力去做适合自己的事情，自然才能得到收获，才能获得成功。如果一个人不能找准自己的位置，仅仅凭借一时的心血来潮去做事，那么，结果只能是徒劳无功，成功自然也不会向他敞开大门。

中国台湾散文家林清玄先生在一篇文章中曾经说道：

有一个老人，一辈子都没有合适自己脚的鞋子，她总是习惯性地穿着一双大鞋。有人看后觉得很好奇，于是问她为什么不买小一点的鞋，然而，让人惊讶的是，老太太却回答说，我这种鞋，大号小号一个价，我为什么要弃大就小呢？

老人家给出的答案让人在发笑的同时，又为其感到悲哀，老人家仅仅是因为自己的小小贪心，就选择大尺寸的鞋，结果一辈子都没有穿过合脚的鞋。

其实，生活中，像老人家这样的人有很多，他们总是尽自己最大

第一章　定位

的能力去争取那双"大鞋",然而,却忽略了这双鞋穿在自己的脚上是否合适。

一个人要想让自己的人生出现转折,取得成功,就要懂得如何正确地给自己的人生定位。当今的世界是一个机遇与挑战并存的世界,要想在这个世界中赢得成功,准确定位是一种明智的选择。

有一个年轻人,他总是希望自己在各个方面超越其他人,所以,一直以来,他都十分努力,也十分勤奋。然而,他努力了很多年,结果却并没有如最初所想,他十分沮丧,于是,他请求智者给他指点迷津。

智者走到三个弟子面前,说:"徒弟们,你们带这个施主上山,打一担自己认为最满意的柴火。"三个弟子听后遂带年轻人上山了。很快,那个年轻人第一个回来了,他扛着两捆柴。不久,其中的两个弟子用扁担各担四捆柴也回来了,又过了一段时间,另外一个弟子从江面驶来一个木筏,上面载着六捆柴。年轻人看到如此情景说:"最初的时候,我也砍了六捆,但柴实在太沉了,当我刚刚走了一段路程的时候就扛不动了,于是,我把其中的两捆放在了路边;扛着四捆柴继续下山,但当我走到一个陡坡的时候,这四捆柴压得我喘不过气,于是,我只能又将两捆放在路边;最后,我就只剩下这两捆了。大师,虽然我砍的柴最少,但是我也是很努力的。"

用扁担挑柴的弟子说:"我和师兄正好与他相反,开始的时候,我俩仅仅砍了两捆,然后下山,一路上我俩轮换着背柴,感觉并不累,走到半路的时候,看到了失主丢下的柴,于是将失主的柴挑了回来。"

划木筏的弟子听后,说:"三个师兄弟中,我年龄小,个子矮,力气也没有他们大,仅仅砍一捆柴背下山来,对我来说已经是很累了,所以,我选择走水路,自己做竹筏,用竹筏将柴带回来。"

智者听了三个弟子的话后,十分高兴,然后看了看年轻人,说:"一个人选择走自己的路,这并没有什么过错,可是,很重要的一点是你要明确自己怎样走,以及你所走的路是否正确。年轻人,你要永远记住:选择比努力更重要,选错了方向再努力也是徒然。"

诚然,在人生的道路中,条条大路通罗马,但是有一点你不要忽略了:在这千万条路中,每一条路都是你自己选择的结果。如果你一步走错了,那么接下来的路也将难以找到正确的方向,所以说,你做出怎样的选择,那么,这也就决定了你今后会拥有怎样的人生。而人与人之间最初的区别也正是在于此。

因此,如果你不想当一个失败者,就一定要找准自己的方向,如果你对自己的方向不明确,这将是你最大的悲哀。所以,千万别等自己兜了很大圈之后才猛然醒悟,原来自己选错了方向,最初的选择根本不适合自己,或者根本就没有意义。古人云"用非其才,是人才的悲哀。"其实,生活中每个人都是人才,关键就在于你是否站在了正确的地方。

【醒世箴言】

在你自己决定想要什么,需要什么之前,不要轻易下结论,一定要先做一番心灵探索,真正地了解自己,把握自己的人生方向。只有这样,你才能在生活中满意地前进。

第一章 定位

定位人生，做好人生规划

人生虽然并不长，但规划不可缺少，它是人生行进中的第一步！做好人生规划将决定将来的你是贫穷，是中产，还是富有！所以，不要继续沉醉在糊里糊涂的生活中了，赶快打起精神，做好自己的人生规划吧，只有做好了自己的人生规划，才能在世界上找到人生的立足之地，得到自己的幸福人生。

从前有四只毛毛虫，第一只毛毛虫一路颠簸，来到了苹果树下，然而，疲惫的它却不知道这是一棵苹果树，可以在上面吃到可口的苹果。它向四处一看，发现其他毛毛虫都在努力地向上爬，于是，它以为这棵树上有宝贝，也跟着向上爬，毫无目的地爬。

第二只毛毛虫来到了树下，它知道这是一棵苹果树，上面有很多苹果，它的目标就是要吃到这棵树上最大的苹果。但是，它却不知道最大的苹果在哪里，于是，它猜想，最大的苹果一定是长在最大的树叶下面，只要能找到最大的树叶就可以了，在这个目标的驱使下，它不断向上爬，最后终于找到了一片最大的叶子，而它也在这片叶子下幸福地享受着美味的苹果，然而，当它吃完苹果，放眼一看，发现旁边树枝上居然还有更大的苹果，这让它懊恼急了，它心想，如果刚刚我爬上了这个树枝，那么我一定能吃到那个更大的苹果。

第三只毛毛虫也来到了苹果树下，这只毛毛虫的目标也是吃到最大的苹果，因此，为了实现这个目标，它先拿望远镜搜索了一遍，发现了这棵树上最大的苹果，同时将摘到这个最大苹果的路径记录下来，最后它在自己计划的指引下，得到了当初的最大苹果，然而，不幸的是，当它走到跟前的时候，它发现，由于它爬行的时间太慢，这个最大的苹果已经熟透而腐烂了。

第四只毛毛虫与其他三只毛毛虫都不同，它有自己的规划，知道自己想要什么样的苹果，也知道苹果的生长周期，因此，当它拿着望远镜观察整棵树的时候，它锁定的目标并不是最大的一个苹果，而是一朵含苞待放的苹果花。因为，根据自己的速度，待自己达到的时候，这个苹果花正好可以长成大苹果。当然，当它爬到那棵树上的时候，吃到了可口香甜的苹果。

试看，这四只毛毛虫，第一只毛毛虫没有目标，漫无目的虚度时光，然而，这正是生活中多数人的真实写照，他们从未想过生命的意义是什么，自己为什么而活。第二只毛毛虫虽然有目标，但在前期却没有认真地确定自己的目标，盲目前进，结果虽然得到了苹果，但却并非达到自身所希望的目标。第三只毛毛虫有明确的目标，更懂得借助外物发现目标的明确位置，但是却不懂得根据自身的情况来实现目标，结果，最终虽然它看到了目标，然而，此时苹果已经腐烂了，毫无价值。第四只毛毛虫，它不仅知道自己的目标，而且还懂得去规划目标实现的过程，所以，它一步一步得到了自己想要的结果。

其实，毛毛虫前行的路就如同我们人生所走的路一样，如果你没有目标，不懂得规划，那么，最终的你也难以达成所愿。

没有经过思考的人生是不值得过的人生。的确，好的人生从规划起步，在正确规划指导下持续奋斗的人生才能取得成功。人生如大海航行，而规划就是人生的基本航线，有了航线，我们就不会偏离目标，更不会迷失方向，甚至能更加顺利和快速地驶向成功的彼岸。

第一章　定位

古今之成大事业、大学问者，必经过三种境界：昨夜西风凋碧树，独上高楼，望尽天涯路。此第一境也；衣带渐宽终不悔，为伊消得人憔悴。此第二境也；众里寻他千百度，蓦然回首，那人正在灯火阑珊处。此第三境也。然而，用今日之人的眼光来重新审视这三句话，就会发现它涵盖了人生的三个阶段：一是树立人生梦想，确定目标和方向；二是为实现梦想而一直努力付出，不轻言放弃；三在迟暮之年回首时会发现，在实现梦想的人生路上，无论成败得失都是生命的储蓄积累。

那么，怎样做好人生规划呢？

首先，要正确地认识自己。

"聪明的人只要能认识自己，便什么也不会失去。"的确，一个人能不能创造成功人生，关键要看这个人能不能正确认识自己。然而，要想很好地认识自己，这并不是一件容易的事。在现实社会中，人是很难客观地观察和把握自己的。

下面是一种自己可操作的认识自己的方法，你不妨一试。

1. 每天至少问自己10次"我是谁"。然后给予回答。

2. 在与别人的比较中认识自我。

3. 从别人的对自己的评价中认识自我。

4. 从自己的实践活动中认识自我。

如今，随着社会的不断发展，人们对于自我的认识，也进入了一个突破性的新阶段。事实上，每个人都有巨大的潜能，每个人都有自己独特的个性和长处，每个人都可以选择自己的目标，只要能够很好地认识自我，那么，你就能争取到属于自己的成功。

其次，要调整自我。

人生需要不断地进行自我调整，因为社会生活在不断地发展变化，今天你超越了他人，但并不代表明天你依然是这样。在这个过程中，如果你想不开，那么你的人生就只能是悲剧。相反，如果能及时做出自我调整，那就可能会迎来新的转机。

再次，要排除干扰。

在人生实现目标的过程中，将会遇到各种各样的干扰，有的是来自家庭的，有的是来自社会的，有的是来自你周围人际关系的。总之，任何一方面的干扰都可能使你的人生理想搁浅。

最后，抵制欲望。

抵制欲望，就是要处理好理性与情感的矛盾，既要让生活丰富多彩，生命充满激情，又要让生命充满智慧，生活严谨而周密。只有将情感与理性二者和谐统一，才能推动人生走向成功。如果任情感自由发展，就会使人生走向毁灭。所以，要定位自己的人生，就要做到抵制欲望。

不可否认，在今天这个竞争日益激烈的社会，我们所面临的压力越来越大，所要处理的工作矛盾、人际关系也显得越来越复杂和敏感。所以，我们必须深刻地认识到，一个人能否准确地对自己进行角色定位，能否客观地评价自身存在的社会价值和积极意义，对整个人生有着关键性的导向作用。

因此，不管是在工作中还是在生活上，我们都有必要根据自身处境做好人生规划，扮演好自身的角色，从而保证自己在人生道路上积极有作为。

【醒世箴言】

你是自己命运的主人，是自己灵魂的领航人。如果你不知道自己要到哪儿去，那么通常你哪儿也去不了。所以说，要过什么样的人生就全看你自己。

第一章 定位

人生重要的不是所站的位置，而是所朝的方向

　　大家都知道，飞机起飞后，90%的飞机都脱离指定航线飞行，需通过导航仪器不断把飞机送入航道；远行船只也是大部分时间被海浪潮汐抛离航道而需要导航仪把船纳入正轨。导航仪其实就是一个方向仪器，而人同样需要一个导向仪，需要它帮你找到前行的方向，把你从不固定的经常移动的位置纳入正轨。因为，人生中最重要的不是你所站的位置，而是你所朝的方向。

　　比塞尔曾经是一个封建落后的地方，这里的人年复一年地生活在沙漠中，却从未走出过这里，是他们不想离开吗？其实不是的，他们尝试过很多次走出这里，但都失败了。然而，自从肯·莱文发现了这里，曾经的荒漠变成了西撒哈拉沙漠中的一颗明珠，每年有数以万计的旅游者来到这儿。

　　肯·莱文不相信人们走不出这里。于是向生活在这里的人查问原因，结果每个人的回答都一样：从这儿无论向哪个方向走，最后都还是转回出发的地方。肯·莱文感到难以置信，于是，他做了一次试验，从比塞尔村向北走，结果三天半他就走了出来。然而，比塞尔人却为什么一直没有走出来呢？

　　为了解开这个困惑，肯·莱文雇了一个比塞尔人，让他带路，以此来查明原因。结果，他们在走了约800英里的路程之后，果然又回到了比塞尔。但经过这一次，肯·莱文终于知道了为什么比塞尔人走

不出沙漠，根源在于他们根本就不认识北斗星。

比塞尔村处在浩瀚的沙漠中央，方圆上千公里没有一点参照物，试想，如果他们不认识北斗星，又没有指南针，想走出沙漠，这简直是痴人说梦。

肯·莱文为了引导这里的人走出沙漠，于是，在离开比塞尔时，他依然带了上次和他合作的那个人。但这次他没有跟在年轻人后面，而是告诉他，只要你白天休息，夜晚朝着北面那颗星走，就能走出沙漠。年轻人按照他说的去做了，结果，三天之后，惊喜果然出现了，他们走出了沙漠。阿古特尔因此成为比塞尔的开拓者，他的铜像被竖在小城的中央。铜像的底座上刻着一行字：新生活是从选定方向开始的。

同样一个人、同样的地点，方向不同，就会有不同的表现、不同的结局。找准了自己的方向就像竖立起一面飘扬的旗帜，它将指引我们前进，并赋予我们无穷的动力。如果你现在正处在困境中，如果你现在正处在茫然中，不妨考虑一下，你所朝的方向是否正确。

曾经有人巧妙地把"人"比喻为一条船。在人生海洋中，大约有95%的船是无舵船，他们虽然驰骋在大海中，面对风浪海潮的起伏变化，他们却束手无策，不知自己应该朝哪个方向前行，结果只能任其摆布、任其漂流，结果要么触岩、要么撞礁，最终以沉没而告终。

所以，无论你做任何事情，在你迈出人生第一步的时候，都要看一看自己所朝的方向是否正确，这样不仅会界定人生的最终结果，而且会在你的整个人生命运的改变过程中发挥作用，成为你成功道路上的里程碑。

第一章 定位

【醒世箴言】

把所有阻挡你成功的障碍清除掉,积累人生的资本和实力,抛开漫无目标和怯懦无能,开始为你的人生确定目标,这意味着你将加入强者的行列。

没有借口

定位是决定人生能否发生转折的一个重要拐点,然而,不可否认,在向定位一步一步迈进的过程中,各种各样的借口会像毒瘤一样侵蚀你的思想,做生意赔了本有"真倒霉""要是有机会"的借口;目标没有达成也有"我尽力了"的借口……只要"用心"去找,借口总是有的。然而,这种借口一旦长久存在于你的思想中,就容易形成这样一种局面:一旦出现问题就会努力寻找借口来掩盖自己的过失,而最初给自己的定位也随着借口的升级而渐渐抛之脑后。由此可见,借口是导致定位难以实现的一个毒瘤。所以,要想让自己的定位发挥恒久的魅力,实现人生的飞跃,一个很重要的因素就是杜绝借口。

在美国西点军校有一个亘古不变的传统,在遇到学长或军官问话,新生只能有四种回答:

"报告长官,是。"

"报告长官,不是。"

"报告长官,没有任何借口。"

"报告长官，我不知道。"

除此之外，你别无选择。

如果军官再问为什么，唯一的而且恰当的回答是："报告长官，没有任何借口。"

这样做的目的不仅是要新生学习如何忍受不公平的道理，同时也是让学员们懂得应该把自己定位成一个什么样的人。

在1968年的墨西哥奥运会上，一天晚上，一位名叫艾克瓦里的坦桑尼亚的马拉松选手，双腿沾满血污，绑着绷带，吃力地跑进了几乎空无一人的奥运体育场，在所有选手中，他最后一名抵达终点。

一位记者看到后，十分好奇，于是问艾克瓦里："比赛已经能够结束了，你为什么还要这么费力地跑完一圈，跑到终点呢？"他听后回答说："我的国家从两万多公里外送我来这里，不是叫我在这场比赛中起跑，而是要我完成这场比赛。"

那次奥运会距今已经很久远了，那次奥运会上，无论是当时取得佳绩的选手，还是当时奥运会的一切盛况……曾经的一切辉煌早已随着时间的流逝而烟消云散，那些创造佳绩的运动员的名字已经在我们的记忆中渐渐淡化，但是，艾克瓦里这个名字却永久地留在了人们的记忆中。因为他代表了一种精神，一种激励人们坚韧不拔迈向成功的典范。

没有任何借口，你所需要记住的就是你的职责，这是一种极其坚定的自我定位态度，因为很多人难以做到这一点。所以，在人生的定位中，很多人之所以难以让定位在自己人生的征程中发挥出恒久的魅力，很重要的一个因素就是习惯给自己找借口。

诚然，借口在很多时候有一些道理，能够给自己的内心带来暂时性的安慰，但是就是因为这些看似有些道理的借口，让人们一次又一次学会了原谅自己，而抛开了教训，使得自己在前进的路途中不进反退，最终被无情地淘汰。

生活中我们总是要面对一些他人而为之或者莫须有的困境，在这种情况下，如果你能把自己置于绝境，背水一战，让自己没有退路，那么，此时你的内在潜能就会得到最大限度的发挥，你最初的人生定位将能得以实现。

因此，"拒绝借口"虽然表面上看起来有些冷酷，但在这种冷酷之下所激发出来的力量却是无限的。所以，请你记住，无论你是谁，在人生中，如果失败了、做错了，再妙的借口对于事情本身也没有丝毫帮助。借口不过是一种没有任何意义的麻醉剂。

所以，不要寻找任何借口为自己开脱，要努力寻找解决问题的办法，这是最有效完善定位的原则。我们都看到过这类不幸的事实：很多有目标、有理想的人，他们工作、奋斗，他们用心去想、去做……但是由于过程太过艰难，他们为自己找到了一个冠冕堂皇的借口——力终有所不逮。于是，他们越来越倦怠、泄气，终于半途而废。后来他们发现，如果他们能抛开这些借口，他们就会终成正果。

请你记住，在完善定位的过程中，不断地宽宥自己就是在一点一点地葬送自己。

【醒世箴言】

没有人生来就能做到最好，要想成为一名优秀的人，你就得摒弃"找借口"的习惯，这也不是很难的事情，只要你愿意去做，就一定会做得到。

如何认识自己

　　一个人不管你希望拥有财富、事业、快乐，还是期望别的什么东西，都要明确它的方向在哪里，为什么要得到它，或者将以何种态度和行动去得到它。人生教育之父卡耐基说："我们不要看远方模糊的事情，要着手身边清晰的事物。"假设今天上帝给你一次机会，让你选择五个你想要的事物，而且都能让你梦想成真，你第一个想要的是什么？假如只要你选择一个，你会做何选择呢？假如生命危在旦夕，你人生最大的遗憾是什么事情没有去做或者尚未完成？假如给你一次重生的机会，你最想做的事情是什么……如果发现了你最想要的，就把它马上明确下来，明确就是力量。它会根植在你的思想意识里，深深烙在脑海中，让潜意识帮你达到你所想要的一切。

　　一天，一位生活平庸的人问禅师："大师，您说真的有命运吗？"
　　"有的。"禅师回答。
　　"那么，我的命运是不是注定要穷困终生呢？"他问。
　　禅师看了看他，笑了，说："把你的手伸出来。你看清楚了吗？这条是爱情线，这条是事业线，这条是生命线。现在你把手握起来，握得越紧越好。"
　　"现在，我刚刚说的那几条线在哪里呢？"禅师问。
　　那人说："当然是在我的手里啊！"
　　"那么，命运呢？"禅师问。

第一章 定位

此时，这个人终于明白，原来命运就在自己的手中！

诚然，世上没有救世主，这个世界上没有任何人能够改变你，只有你能改变自己，也没有任何人能够打败你，只有你自己才能打败自己、拯救自己，而这就需要你给自己一个正确的评估，正确认识自己，进而经营和管理你自己。

一次，个性分析专家罗伯特·菲力浦接待了一个流浪汉。

流浪汉说："我来这儿，是想见见《自信心》这本书的作者。"这本书是罗伯特多年前写的。

流浪汉说："本来我是要跳进密西根湖来了结我这一生的，但是，因为我看到了这本书，所以，我有了新的想法。现在，我决定要见一见这本书的作者，我相信他一定能帮助我重新站起来。"

他边说，罗伯特边打量这个人，发现他的眼神很茫然、神态十分沮丧，纷乱的胡须，种种迹象表明，他已经无可救药了。但罗伯特依然请他坐下来，听他说完自己的故事。

原来流浪汉之所以流落到如今这个地步，是因为自己开办的企业倒闭、负债累累，妻女离开，他独自一人到处流浪，悲观绝望。

罗伯特说："很抱歉，我没有办法帮助你，但是，本大楼的一个人可以给你提供帮助，并协助你东山再起。"流浪汉一听，马上对罗伯特说："请带我去见这个人。"

罗伯特带着流浪汉来到从事个性分析的心理试验室里，让他站在一面可以照到他全身的大镜子面前，说："就是这个人。在这个世界上，没有人能够帮助你，只有一个人能够使你东山再起，就是镜子里的这个人，如果你能站在新的立场来彻底认识这个人，他就一定能够帮助你，否则，你只能跳进密西根湖里。"

流浪汉看着镜子里的自己，长满胡须的脸孔，衣衫不整的样子，他开始哭泣起来。

几天过去了，罗伯特在街上遇到了这个人，此时的他西装革履，头抬得高高的，自信满满。他说，他感谢罗伯特先生，是他让自己重新认识了自己，并很快找到了工作。

后来，那个人果然东山再起，并成为富翁。

世界导师克里希那穆提说，你认识你的脸孔，因为你经常从镜子里看到它。现有一面镜子，在其中你可以看到完整的自己，看到自己心里所有的事情，所有的感觉、动机、嗜好、冲动及恐惧。总之，人贵在认识自己。

"认识你自己"，这是古希腊人两千多年前写在神庙里的一句话。中国有句古话叫"知人者智，自知者明"。人贵在有自知之明。所以，无论你是一个什么样的人，无论你从事什么样的工作，都应该对自己有一个清醒的认识，这样才能给自己一个准确的定位。给自己定位是为了更好地做好自己的工作，知道自己的优势和不足，知道自己能干什么和不能干什么。

那么，如何认识自己呢？

管理大师杜拉克说，你要问自己5个问题：

第一个问题：我的长处是什么？当然，如果让自己做出这个回答，这是很难的，所以，你应该向周围的人寻求答案，通过他人来发现自己真正的长处，进而完善自己。

第二个问题：我做事的方式是什么？由于每个人都是不同的，所以大家做事的方式也会不同。搞清楚了自己的做事方式这个问题，然后，立刻采取相应的行动。

第三个问题是：我的价值观是什么？个人在发展过程中，你的价值观是否与其他价值观发生冲突，如果发生冲突，自然，也难以创造佳绩。

第四个问题：我该做什么？你要明确该对什么样的事情说不，并知道自己应该以怎样的方式做一项新工作。

第五个问题：我该贡献什么？做到这一点不可忽略三个因素：一是现实因素；二是自己的优势、做事方式和价值观，怎样能做出最大贡献；三是结果会怎样。这是正确认识自己、管理自己，并实现自己成长的重要环节。

总之，能正确认识自己的人，才能准确定位自己，才能一步步走向成功。

【醒世箴言】

俗话说，"人贵有自知之明"，不能正确认识自己的人，只会变得慵懒，只会听天由命，永远不会去把握成功的契机，永远不会有所创造和发明。

成功的道路是目标铺就出来的

生活中，我们常常能听到这样一些话：

"哎，已经工作几年了，但依然是最初的样子，我身边的很多人不是升职就是加薪，为什么自己一直以来辛苦努力却依然每个月仅仅能拿到2000左右的工资呢，我该怎么办呢？"

日子过得好没劲啊，每天周而复始地重复同样的工作，无聊透顶，我该做点什么事情来充实自己呢？

如今都成家了，依然要依靠父母养活，三十几岁的我真的太迷茫了，不知道自己该做点什么，谁能拯救我呢？

辞职这么久了，依然没有找到合适的工作，我现在真的无计可施了，生活怎么这么没劲呢，我该如何是好呢？

……

造成这种情况的原因在哪里，就是因为当今很多人依然在迷茫中不知所措，徘徊不前，或者东拼西凑，眉毛胡子一把抓。虽然，这样看起来你十分努力，也十分用功，但是，真实的情况却是，你总是为无关紧要的小事而耗费自己的时间，浪费自己的精力。

美国前总统富兰克林·罗斯福的夫人埃莉诺·罗斯福，在上大学期间，她想找一份工作，以贴补生活。为此，父亲将她介绍给了自己的一个好朋友——美国无线电公司董事长的萨尔洛夫将军。

萨尔洛夫将军问埃莉诺·罗斯福："你想做哪种工作？"

埃莉诺·罗斯福回答说："随便吧！"

萨尔洛夫将军听后，认真地对埃莉诺·罗斯福说："没有任何一类工作叫'随便'。成功的道路是目标铺出来的！"

的确，世界上没有任何一个成功者是在自己浑浑噩噩、没有目标的情况下取得成功的。正如水对鱼一样，目标对于成功也是十分重要的。如果没有水，鱼儿就不能生存；同样，如果没有发展目标，那么，也很难能够改变现状，取得成功。所以，如果你想去一个地方，那么，你首先要有个清楚的范围，要有一个清晰的蓝图。

所以，树立目标至关重要。

树立目标可以避免浪费时间，避免漫无目的地瞎干。目标对于一个人来说，它是前行中的方向，如果你能看清这个方向，那么，你就会在自己的能力范围内尽量减少做无用功的时间，选取最佳的线路到达目的地。

明确目标是会使你变得强大有力，会使你胸怀远大的抱负。明确的奋斗目标会让你在失败时赋予自己再去尝试的勇气，会使你不断向前奋进；会激发你前进的动力，使你避免倒退，不再为过去担忧；会使你理想中的"我"与现实中的"我"统一，使你走向成功之路！

美国曾做过这样一项调查，发现世界上有27%的人没有目标，虽然，在他们的人生中，曾经有过成功，有过辉煌，可是若干年之后，这些曾经成功过的人士竟然生活在社会的最下层，靠政府的救济、靠朋友的资助才能过活。

有60%的人目标模糊，喜欢跟随别人，追随别人的脚步前进，若干年过去了，他们仍然要不断地打拼，才能维持他们基本的生活费用。我们把这种人也称为一个阶层，叫作"蓝领"阶层。

有10%的人有明确的目标，若干年之后，他们成了"白领"阶层。生活得非常好，拥有别墅、豪华的轿车，他们衣食无忧。

有3%的人既有明确的目标，又有详细的计划，而且具有十足的行动力，若干年过去了，他们有的成为一些政界领袖，有的成为商界精英，有的成为一些明星式的人物。

从这项调查报告中，我们可以看出，一个人之所以能够成功，不一定要有多聪明，也不在于他有多能干，而在于他人生中有没有一个明确的人生目标。

拿破仑·希尔说："你过去和现在的情况并不重要，你将来想要获得什么成就才最重要。除非你对未来有理想，否则就做不出什么大事来……有了目标，内心的力量才会找到方向，茫无目标地飘荡终归会迷路，而你心中那一座无价的金矿，也会因不开采而与平凡的土石无异。"

所以说，目标是成功的前提。一个人如果没有明确的目标，那么，他只能走一步看一步，甚至还可能止步不前。一个明确的目标可以激励一个人去奋斗，并创造出达成目标的条件，确立了目标，就如同掌握了航海的罗盘，让你在前行中不再迷失方向。

那么，我们要怎样做，才能找出自己成功的目标呢？只要遵循以下几个要点来做即可。

第一，找出自己确实想去的地方或想要的事物——有形的或无形的。

第二，将这些成功的目标排出先后顺序。也就是说，有些目标会自动引出下一个目标。

第三，一旦明确了自己的目标，便可以开始规划要如何去完成它们。

【醒世箴言】

有什么样的发展目标，就有什么样的人生；有什么样的目标，就有什么样的命运。目标是对于我们所期望成就的事业的真正决心。

"自我设限"是对梦想的扼杀

马丁·路德·金曾说过："这世上每一件完成了的事，都是在希望中完成的。"的确，生活中的每一个人都是有梦想的人，在他们的

第一章 定位

心中，改变现状，追求高品质的生活，改变社会，也许是很多人的希望，然而，由于很多人在希望的起航或者前进中，被自我设限困住了手脚，结果希望就此破灭，而自己的潜力和欲望一点点地扼杀掉！

科学家曾做过这样一个实验：

首先，把跳蚤放在桌上，然后，用手拍桌子，此时，跳蚤会迅速跳起，而且，跳起高度均在其身高的 100 倍以上。

其次，在跳蚤起跳的上方放一个玻璃罩，然后，用手拍桌子，跳蚤此时会碰到玻璃罩。这样持续几次，跳蚤均会被玻璃罩碰到，那么，在以后的起跳中，跳蚤就不会保持原来的高度，反而会将高度降低一些，保持在玻璃罩之下。

最后，将玻璃罩放在桌子上，然后拍桌子使跳蚤起跳，此时，由于玻璃罩罩住了桌面，所以，跳蚤根本无法起跳，几次之后，科学家将玻璃罩拿开，再次拍桌子使跳蚤起跳，但跳蚤依然毫无变化地趴在桌子上，一动不动。

跳蚤为什么不跳了呢？难道是它丧失了跳跃能力吗？并不是这样的，而是因为在一次又一次的限制下，跳蚤学乖了，它给自己的思想设限了。在它的潜意识中，玻璃罩就在自己的头顶，自己根本无法超越玻璃罩，而它的行动也在这种潜意识的控制下而被扼杀。科学家把这种现象叫作"自我设限"。

其实，生活中多数人都容易自我设限，特别是在幼年时代，由于自己的思想意识很多时候难以得到外界或者父母们的认可，时间一长，他们奋发向上的热情、欲望被"自我设限"扼杀在摇篮里，而这种思想又没有被及时疏导。渐渐地，他们也就丢掉了信心和勇气，养成了懦弱、犹豫、自卑、孤僻、推卸责任、得过且过的思想，导致他们曾经渴望成功的小火苗在早期就熄灭了。

21

精神分析学派的创始人弗洛伊德曾指出，"做伟人"的欲望是与生俱来的。这是"成功"的集中表现。之后，一些心理学家经过研究发现：不论民族、文化、历史、家庭、性别和年龄，人天生就有爱受赞美、喜爱被尊重的强烈愿望和倾向。而这也正是"人"的共性。所以说，因为，人生来就有获得赞美与尊重的心理，而成功正是实现这一心理的保障，因此，可以说，对成功的渴求是人生来就具备的，而这也正是指引他们朝着自己的目标坚韧不拔地走下去的动力所在。所以，自古以来，普天之下就没有任何一个人会站出来说，我不想成功，我不愿成功，我没有成功的渴望。而他们之所以没有攀越上高峰，一个很重要的因素之一就是自我设限的心理在遏制他们前进的步伐。

然而，要解除"自我设限"朝成功迈进，关键因素还是在自己。有人说："上帝只拯救能够自救的人。"成功也是如此，与别人的成败毫无关系，它属于拥有明确方向和目的的人。只有你自己拥有渴望成功的强烈愿望，那么，你的人生才会发生转折。

所以，摆脱自我设限对每个人来说是十分重要的。

一般来说，自我设限之人可分为以下四种类型。

第一种类型：一直担心自己所做的事情是否能够得到他人的认可。

第二种类型：总是有"为时太晚"的想法。

第三种类型：总是将过去的错误放不下。

第四种类型："注定会失败"的影子在自己心中挥之不去。

正因为有这四种类型之人的存在，所以导致很多人难以成功。

世界第一个亿万富翁洛克菲勒曾对他的儿子说："你在现在这种年龄，务必做好的事情就是想好10年之后从事什么工作，你对将来必须具有想象力。"

因此，无论你现在身处在怎样的境况下，你都要不断问自己这样

第一章 定位

一个问题：我将来想成为什么人？这样才能早日摆脱束缚心灵的枷锁，实现自身的成长。

【醒世箴言】

每个人都渴望成功，但是，多数人都对自己进行了自我设限，而只有少数人愿意突破自我设限，结果他们的潜能得到了发挥，事业随之而成功。

人生是可以规划的

西方有一个哲学问题：我是谁？我从哪里来？我要到哪里去？这一哲学命题会给我们的人生规划以启示。

我是谁？人要全面地认识自己，必须排除外来的压力，比如父母的期望、师长的教诲、将来就业的压力等，要在完全放松的情形下，根据自己的爱好、特长、性情来正确地规划未来的生活。

我从哪里来？这不需要从达尔文《物种起源》里寻找答案。从现实的角度来说，是要我们客观看待自己的过去，认清自己，给自己一个恰如其分的评价。

我要到哪里去？就是在真正明白自身条件和所处现状的基础上，合理地制订出自己的人生计划。并能够把长期计划和短期计划结合起来，长期计划为目标，短期计划为阶段，由此出发，一步步向目标靠近。

有一个成功人士,在他年轻时,家里很穷,他既没有钱也没有经验,但是,他相信自己能够成功,因此,为了实现自己的成功之路,他为自己制定了一个50年的人生规划。

20岁的时候,向自己投身的行业宣传自己,让这个行业认识到自己的存在。

30岁的时候,拥有足够的资金和人脉来做一个大项目。

40岁的时候,选择一个重要的行业来经营,并要在这个行业中取得第一。

自从制定这个目标开始,他就脚踏实地一步一个脚印地向目标迈进,后来这个计划都一一实现了。而这正是由于规划自己人生而引领自己走向辉煌的例证。

苏格拉底曾说:"认识你自己。"罗马皇帝、哲学家奥里欧斯说:"做你自己。"莎士比亚也说:"做真实的你。"一个人的成长需要有自己的人生规划。对于一个人来说,不断制定、调整有利于个人发展的人生规划是十分必要的。因为"你不去规划人生,反过来就要被人生规划"。等到客观规律来规划你的时候,往往就会违背你的初衷,你更难以接受现实。

但有些人在最初的时候却并不懂得为自己的人生做规划,他的创业之路就像我们所说的盲目航海,他只知道要在海上寻宝,通过什么途径才能找到宝藏或者如何才能向宝藏靠近,他却根本没有认真思考过。于是他喜欢随大流,哪里热闹就往哪里去,结果,到最后不仅吃了不少苦头,而且还一无所获。

这种过失如果仅仅犯了一次,姑且可以原谅,但是,有些人却从未间断过犯这样的错误,他的前进道路如果用一句话来概括,就是永远停留在东试西试的阶段,难以进展。这种人如果不设法改掉自己的错误，恐怕永远都难以有成功的那一天。

为什么呢？因为这种人缺乏对自己人生的规划，缺乏实现规划的具体目标，并且不懂得让自己的规划为自己成功创业做导航。所以，他的人生发生方式本身就注定了他的失败。

那么，人应当如何规划自己的一生呢？

一个人的一生一般要用3个十年规划来组成。

第一个十年是打基础的阶段。也就是为自己以后的进一步发展做基础。在这个十年里，你需要做的就是赚到你的第一桶金。

第二个十年是发展壮大的阶段。在攫取第一桶金的前提下，要懂得迅速攫取到其他桶金或者说将第一桶金无限制地放大。而你与他人之间的差距也往往在这个十年可见分晓。

第三个十年是收获的阶段。经过以上20年的经营打拼，此时应该是丰收的时候了。这个十年是你事业生涯的顶峰。

在现实生活中，很多人对自己的人生缺乏规划，只是盲目行动，结果影响了个人的发展。一个人应该有一生的规划，一年的规划，一日的规划。每件事又有每件事的规划，然后按照规划行事，自然有所成就。

【醒世箴言】

人的命运，要靠自己来规划和把握。做一个成功的人，最重要的就是做自己想做的人，通过努力达到自己对生命的追求，体现自己的生命价值，而不是平平庸庸度过自己的一生。

缺少抱负的人永远不会成功

现实生活中，有很多人没有明确的目标和抱负，而只是一天一天浑浑噩噩地度过，在这种情况下度日的人不要说成功，就算是崭露头角也是很难的。

有这样一个人，他的名字叫贾斯丁，他无论学什么都是半途而废。有一段时间，他曾经废寝忘食地攻读法语，但是，如果想要真正掌握法语，必须先对古法语有一定的了解，然而，如果没有对拉丁语的全面了解，要想学好古法语简直就是痴心妄想。

后来，贾斯丁发现，全面掌握拉丁语的唯一途径是学习梵文，随后，他便一头扑进梵文的学习之中。结果，最终贾斯丁未获得任何学位，而他所受过的教育也始终没有用武之地。

贾斯丁的父辈们为他留下了一笔本钱，他准备开办一家煤气厂，于是拿出10万美元作为投资，然而，让人感到遗憾的是，造煤气所需的煤炭价钱很高，结果他不仅没有一丝一毫的盈利，反而大大亏本。于是，他又以9万美元的价位将煤气厂转让他人。随后，又开办起煤矿。可这次依然很不幸，采矿机械的投入十分巨大。因此，贾斯丁又一次将在矿里拥有的股份变卖，得到了8万美元，将其转入到煤矿机器制造业。自此之后，他总是半途而废，在这个方面中尝试一段时间，然后走出来，又在另一个方面尝试一段时间再次走出，就这样，一如既往地持续着。

第一章 定位

其实，这样的人，我们在生活中随处可见，在他们的人生中，根本没有理想，没有抱负，更没有目标，他们总是习惯性地随波逐流，没有起点，没有方向，也没有找到停靠的港湾，在浑浑噩噩中虚度着自己宝贵的时光。他们不知道自己做任何一件事情的意义，他们只是涌动在前行的人流中，被动地前进着。如果你问他们有什么梦想，有什么抱负，他们会告诉你，他们自己也不知道到底要去做什么。

试看，这样的一个人，你如何能让他攀越某个高峰，到达某个目的地呢？

世界上取得成功的人中根本就没有懒惰闲散、毫无理想之人的排名，更不用说会有这样之人的身影。任何人都应该对自己严格要求，不能无所事事地虚度时光；不能够放任自己赖在床上直到想起来为止；不能只在心情好时去工作，要知道，绝大多数胸无大志的人之失败的原因，就是因为他们的惰性太强，因而取得成功对他们来说简直是望尘莫及。他们不愿付出代价，不愿作出必要的努力。他们崇尚安逸的生活，喜欢享受，他们对一切都彷徨冷漠、对一切都放任自流、逃避挑战……所有这一切是导致他们无所成就的重要原因。

相反，对于那些拥有抱负的人来说，他们总是充满斗志，并时刻检视自己的抱负，而这也正是他们取得成功的原因。所以说，拥有抱负是一个人谋求成功的动力，一旦这种动力失去，那么，所有的一切也将随之失去。因此，我们必须让抱负时刻萦绕在自己的心间，并使之闪烁出熠熠的光芒。

雄心抱负与人对成功的追求一样，自古有之，但由于人们常常将这种抱负淡化，或者自我消灭，结果，导致它逐渐趋于退化或消失了。其实，这是一种司空见惯的定律，如同人的头脑一样越用越活，而抱负也是如此，没有得到及时支持和强化的抱负就像是一个拖延的决议。所以，只有那些被经常使用的东西，才能长久地焕发生命力。

美国潜能成功学大师安东尼·罗宾说："如果你是个业务员，赚一万美元容易，还是十万美元容易？告诉你，是十万美元！为什么呢？如果你的目标是赚一万美元，这似乎只是在于生活满足，如果这就是你的目标与你工作的原因，请问你工作时会兴奋有劲吗？你会热情洋溢吗？"

诚然，生活中绝大多数的人一生都在平庸中度过，尽管他们并没有懒惰闲散、好吃懒做，缺乏吃苦的精神，甚至很多人一生都在勤勤恳恳地工作，但是他们最终的命运却是庸庸碌碌度过一生，这是为什么呢？其根本原因就在于他们缺乏真正的内动力。社会的要求，别人的约束，使他们对待本职工作还算尽职尽责，但是他们却很少或者从不思考如何让自己的人生有所超越，发生质的变化。也就是说，生活中的大多数人，都是没有目标的人。一个没有抱负的人，又怎么能够做到优秀，更何谈能做到成功呢？

人生活在这个世界上究竟是为了什么？这是每个人都在思考的问题，当然每个人的答案也不一样，所以，他们成就的人生也有所不同。

【醒世箴言】

老骥伏枥，志在千里；烈士暮年，壮心不已。拥有雄心抱负是笔取之不尽、用之不竭的财富；是无法用钱来衡量它的价值的；是一个人勇于进取，攀登人生高峰执着的心态。

第一章　定位

自我确认

人类的历史，其实就是不断地征服自然的历史。当自然被人类"征服"得千疮百孔，似乎地球上的其他万事万物都臣服在人类脚下的时候，人类这才发现，被征服的还有我们人类自己，我们人类其实臣服在自然的脚下。

太多的悲剧，来源于我们人类并不了解自己，不了解自己在宇宙中的地位，不了解我们人类自己其实是最脆弱的。所以，当人类在继续将探索的触角伸向了更远的太空的同时，也更多地关注起我们人类自身。

这，无疑是我们人类历史上的又一次大革命！

那么，你了解你自己吗？

对于人类而言，有一种信念能最大限度地影响我们的生活、事业以及一切，并且能够让你发展成功，那就是对自己身份的确认。

所谓"自我确认"，是指心灵深处对自我的一种界定。这种界定会使我们跟别人迥然有别。换一种说法，就是我们在内心对自己形象的塑造。如果你自己的形象在自己的心中就是一个发展成功者，是一个才华横溢、能力超群之士，那么你肯定会尽情发挥你的长处，最终，你必将成为成功者。

教育家们也发现，一位老师对学生的看法，能够非常深地影响学生的自我确认，从而影响他们心智的发展。

有这样一个研究实例，老师对这几位优等生另眼看待，认为他们是最有前途的学生，不断地给予表扬。结果，计划如期实现了，这几位学生取得了极其优秀的成绩。

然而事实上，当初这些学生只是智力极其一般的孩子，甚至，他们中间还有几位"差生"！

这一实验表明：好的自我确认对一个人的成长具有极其重要的影响。因为一个人一旦在内心深处确认自我是哪种身份的人的话，就再也看不到自己的另一面了。

上述道理同样也适用于学生以外的任何人群。

如果我们每一个人在生活中都能对自我的确认有适当的信念，对某些方面有一些特别的调整，自我确认改变之后的人生就会变得更加有意义，就会少却无数苦恼、麻烦和痛苦，平添许多欢乐。

当然，对自我确认的改变必须是从尝试和一再地坚持中形成的，表里如一的努力就会使人在这种"我是谁"的转变中获得成功。

美国的一个女孩子，名叫戴伯娜。她讲述了她参加自我确认实验之后自己的转变过程。

她说："我从小就胆小，从不敢参加体育活动，生怕自己会受伤，但是参加这项实验之后，我竟然能进行潜水、跳伞等冒险运动。"

"事情的转变是这样的，你们告诉我应该转变自我确认，从内心深处驱除胆小的信念。我听从了你们的建议，开始把自己想象成有勇气的高空跳伞者，并且战战兢兢地跳了一回伞。结果朋友们对我的看法变了，认为我是一个活力充沛、喜欢冒险的人。"

"其实，我内心仍认为自己胆小，只不过比从前有了一些进步而已。后来，又有一次高空跳伞的机会，我就视之为改变自我确认的好机会，心里也从'想冒险'向敢于冒险转变。当飞机升到1500米的

第一章　定位

高度时，我发现那些从未跳过伞的同伴们的样子很有趣。他们一个个都极力使自己镇定下来，故作高兴地控制内心的恐惧。我心想，以前的我也就是这个样子。"

"刹那间，我觉得自己变了。我第一个跳出机舱。从那一刻起，我觉得自己成了另外一个人。"

在这则故事里，这个美国女孩子变化的主要原因在于内心自我确认的转变。她一点一滴地淡化掉旧有的自我确认，采取崭新的自我确认，从而在内心深处想好好表现一番，以作为别人的榜样。最终，她的自我确认转变了，从一个胆小鬼变成一位敢于冒险、有能力并且要去体验人生的新女性。她的这一变化，肯定也会影响了她后来生活中的每一件事，包括她的家庭、她的事业。

同样地，一个人要想获得发展机会，要想取得人生的成功，成为生活和工作中的优胜者，就应该首先在心目中确立自己是个优胜者的意识。同时，他还必须时时刻刻像一个成功者那样去思考、行动，并培养成功者的阔大胸襟，这样，他总有一天会发展成功。

我们周围人对我们的看法，也会深深地影响我们的自我确认。还有，无情的岁月也影响着自我确认。一个人在十年前过得并不如意，但他想象着有一个美好的未来，并极力向此目标奋斗。结果，今天的他正是当年他心目中确认的那个"未来形象"。由此可见，以什么样的标准来看不同时期的自我，决定着自我确认的发展方向。

【醒世箴言】

只有善于经营自己的人，才能使自己的人生价值增值。正确认识自己的长处和不足，明确个人的专长、兴趣、性格、价值观等，是一个人成功的前提。

人贵在有自知之明

《老子》一书中说："知人者智，自知者明。"一个善于解剖自己的人，往往是有自知之明的。但人要做到这一点，往往是比较难的，解剖别人易，解剖自己难。所以人们又说"人贵有自知之明"。意思是说，能清醒认识自己，对待自己，是最明智、最难能可贵的。

所谓自知，意思是要知道自己、了解自己。常言道："人贵有自知之明"，把人的自知称之为"贵"，可见人是多么不容易自知；把自知称之为"明"，又可见自知是一个人智慧的体现。人之不自知，正如"目不见睫"——人的眼睛可以看见百步以外的东西，却看不见自己的睫毛一样。

一天，一只羊在草地上悠然地吃着美味的绿草，突然此时，一只鹰从天而降，向羊袭击过来，老鹰凭着尖利的双爪和带钩的嘴，加之凶悍猛烈的冲击力，向羊俯冲过来，羊在如此强劲的对手之下，虽然眼睁睁地看着鹰向自己袭击而来，但眼睛里除了恐惧之外，却毫无反抗之力，只能乖乖地束手就擒，就这样可怜的羊成为了老鹰的一顿美餐。而这一情景被站在树上的乌鸦看见了。它想：我和鹰有什么区别，不都是在天空中飞，而且依靠嘴来寻找食物嘛，既然这样，我为什么不能也像鹰一样猎取羊来做美餐呢？于是，它学着鹰的样子，从天空中，向羊俯冲而来。可是当它飞向羊时，情况却和鹰飞来时截然不同。乌鸦发现，当它扑向羊时，羊不仅没有害怕、惊慌，反而嘲笑它：

第一章 定位

"你只是一只平庸的黑鸟,岂敢在俺的头上动土,真是癞蛤蟆想吃天鹅肉。"此刻的羊,面对突袭而来的乌鸦,根本没有理睬,结果,乌鸦突袭羊的目的不仅没有得逞,反而成为牧羊人的猎物。

而乌鸦之所以在袭击羊时失败,是因为乌鸦没有自知之明,它只看到了鹰猎取羊的成功,却没有把自身条件和鹰做比较,进行深入分析,鹰的嘴十分尖锐,只要被它啄到的东西几乎没有逃脱的,而乌鸦却没有鹰如此尖锐的嘴,它只看到了鹰的成功,但却没有把鹰和自己做一个比较,结果把自己不具备的优势强加到自己身上,最终的结果只能是失败。

《战国策·齐策》中有这样一个故事。

齐威王的相国邹忌长得相貌堂堂,身高八尺,体格魁梧,十分漂亮。与邹忌同住一城的徐公也长得一表人才,是齐国有名的美男子。

一天早晨,邹忌起床后,穿好衣服、戴好帽子,信步走到镜子面前仔细端详全身的装束和自己的模样。他觉得自己长得的确与众不同、高人一等,于是随口问妻子说:"我跟城北的徐公谁漂亮?"

他的妻子说:"您漂亮极了,徐公哪里比得上您呀!"

邹忌想:城北的徐公可是人人堪称的齐国美男子啊,我不能比他还漂亮吧。他的心里很不自信。于是,他又问他的妾说:"吾与徐公孰美?"妾听了他的问话,回答说:"大人您比徐先生漂亮多了,他哪能比得上大人您呢!"

第二天,有位客人来拜访他,邹忌跟他坐着聊天,问他道:"吾与徐公孰美?"客人说:"徐公不如您漂亮啊。"

就这一件事,邹忌问了三个不同的人,但大家却都给予了他一致的答案:"城北的徐公不如他漂亮。"

然而,几天后,徐公却到邹忌家里来了,邹忌仔细地看他,只见徐公气宇轩昂、光彩照人，再照着镜子看自己，更是觉得与之相去甚远。

晚上躺在床上反复考虑这件事，终于明白了："我的妻子赞美我，是因为偏爱我；妾赞美我，是因为害怕我；客人赞美我，是想要向我求点什么。看来身边的人都是在恭维我啊。"

从这两个故事中，我们更看出"人贵有自知之明"的重要。人要了解自己，认识自己，把自己摆正放平，才能对自己所处的环境有一个准确的把握，才能知道自己的工作能力、学识水平、社会关系等处在一个什么样的状况下。因此说，面对自己的现实情况，来把握自己的人生旅途，人才能得到自信，才能充分发挥自己的聪明才智。

老子说："胜人者力，自胜者强。"人在社会上需要给自己一个心理定位，不要越位也不要错位，当然也不能不到位或者缺位。然而在现实生活中，有些人却不能够正确地认识自己，导致这些人产生了一系列的心理问题。比如，有些人总是看到自己的短处，而忽视自己的长处，结果产生了悲观、迷茫等心理问题；相反，有些人一味地夸大自己，这样容易让他人对你产生骄傲、自大的想法，影响了你正常的人际交往。因此说，一个人要做到拥有自知之明并不容易。自知比知人更难，难就难在它不仅需要智慧，而且需要勇气，敢于以挑剔的眼光面对自身的不足。俗话说得好："尺有所短，寸有所长。"优点与缺点在每个人身上都存在着。只有正确地认识自己才能端正自己的心态，才能正确地对待自己，保持心理的平衡，才不至于迷失方向。

【醒世箴言】

"金无足赤，人无完人"。全面认识自己，既要看到自己的优点，也要看到自己的缺点。我们要用发展的眼光看待自己，通过不断改正缺点来完善自己。

如何实现你的定位

在现实中，很多人也许会有这样的感觉，在一件事情最初的时候，总是很认真，很细致，满腔热忱，但往往过了一段时间后，这些最初的干劲都渐渐消失了，结果，最初的梦想在中途夭折。然而，其中的原因是什么，往往不是因为在前行的过程中难度较大，而是因为在前行的过程中，人总是觉得成功离自己较远，简单来说，我们之所以难以取得成功，不是源于我们的放弃，而是源于我们的倦怠。

倦怠产生的原因是什么，主要就是因为你不懂得如何来实现自己的定位。

其实，生活中，我们总是能在身边发现一些成功人士，他们能够获得成功，主要就是因为他们懂得如何巧妙地分解目标，每天都设定小目标，这样努力之后，每天都可以看到自己进步，最终实现大目标。

所以，在定位之后，当下主要的任务就是让你的定位变得具体一点，一步一步来实现自己的定位。

那么，如何来实现自己的定位呢？

第一步：定位要以可计量的结果来表达。

一个人的梦想有时候会与现实相脱离，但定位不一样，在做定位的时候头脑中必须有一个清晰的思路，自己想要什么，希望有一个怎

样的结果……必须清晰。

举个例子来说，一个充满梦想的人往往会说，我希望将来能够拥有豪华的别墅，能够周游世界。而一个定位自己的人往往会说，将来，我要到中国的首都去看一看，我还要去中国的小巴黎上海去看一看。

试看，在梦想与定位两者之间，定位往往更能实现，也更切合实际，而梦想往往超越于现实之外，往往是通过一个人的行为而难以实现的。

第二步：给定位制定一个时间期限。

定位不可以模糊不清，也不容许一个人以拖拉、懒散的态度来对待，需要有较为具体的完成时间或日程。这是使定位具体化，并加强一个人的紧迫感和目标感的推动力，会成为一个人在前行路途中的促进因素。

第三步：选择定位目标一定要具有可控制性。

有了梦想，一个人往往就会产生幻想，而幻想往往停留在一个人的能力难以控制的范围内，而定位却不同，定位必须是自己能够控制的，并在自己能够操控的范围之内。

比如，心存幻想的人往往会这样：我要拥有一辆 100 万的轿车。

而懂得定位之人往往会这样：为了家人出行方便，我要买一辆便宜耐用的私家车。

显然，拥有 100 万的豪华驾车不在你的能力控制范围之内，而拥有一辆便宜耐用的私家车却是你可以实现的，这个在你能力范围之内的定位是比较合适的。

第四步：策划一个能够帮你完成定位的策略。

要想让自己的定位得以实现，就必须要从现实出发来考虑问题，你必须正确评估现实生活中的障碍和现有资源,虽然有些东西我们无法未卜先知,但一些必要的措施却一定要有。否则,一旦发生意外,我们只能束手无策,造成被动挨打的局面。这恐怕不是我们所愿意看到的。所以,考虑现实因素,才能使你的定位得以继续下去,进而,才能制定出一份切合实际的策略。

第五步:用拆分的方法来实现自己的定位。

一个人仅仅有一个远大的发展方向只能说是使成功者有了一个为之奋斗的目标,而如果缺乏把目标变为阶段性的、具体的实施步骤的能力,目标也就变成了一种"痴人说梦"或者狂想,这就要求成功者用拆分的方法来实现自己的定位。

相对地说,短期的发展目标要容易制定一些,因为在一定意义上,短期发展目标就是你近期要做的事情。如果你连你近期要做的事情都搞不清,估计你也难以完善自己的定位,也难以完成自己的发展理想。

所以,对于人生来说,长远的发展定位,其实是由一个个短期的发展定位连缀而成的。就像一匹长长的布,它实际上是由一根一根的线连缀而成的一样,正所谓"万丈高楼平地起"。

第六步:为自己的定位制定一个考评办法。

考评是对一个人在前行过程中的督导,就如同一个上学的孩子一样,如果老师没有在放学后布置作业作为考评,那么,孩子们可能就将所有的时间用在了其他方面,但如果老师在放学后留作业,孩子们就会首先完成老师的考评,然后再做其他的事情。所以说,考评是一种监督,一种负责任。

而对于完成自身定位之人来说,考评的意义也在于此。如果有考评,那么一个人就不会自欺欺人,就不会让惰性主导自己。相反,他们能不断向前迈进,并在前进的过程中看到自己是否存在不好的表

现，然后调整自己。因此说，考评是定位过程中的自我监督，自我完善。

【醒世箴言】

有些人之所以成功，就是因为他们能找准自己的位置，不断丰富自己，完善自我，朝着既定的目标前进，终使自己的人生得以升华。

合适的位置上才能发挥巨大的价值

人活在这个世界上，如果没有一个很好的定位，那么就没有远大的目标，也成就不了任何的事业。所以，如果你想成就一番大事业的话，那么就从定位开始吧！拿破仑曾经说过："不想当将军的士兵不是好士兵。"这句话的含义是，只有把自己的目标定位在将军的位置上，才能不断地去追求，才能称得上是一名好士兵，才有可能成为将军。

在一个炎热的夏天，一群铁路工人正在铁路线上工作，这时，缓缓开来了一列火车，打断了他们的工作，火车停下来之后，一个友好的声音说道："大卫，是你吗？"这群铁路工人的负责人说道："是我，吉姆，看到你真高兴。"于是两人热烈地拥抱，并且进行了长达1个小时的交谈，交谈之后两人握手道别。

当吉姆一离开，大卫的属下立刻包围了他，不为别的，就因为大卫和铁路公司的总裁是朋友。见大家这样，吉姆说道："20多年以前

第一章 定位

我和吉姆是在同一天开始为这条铁路工作的。"当听完大卫的话后，一个员工半开玩笑地问道："那为什么吉姆成了总裁，而你还在太阳底下工作呢？"大卫无奈地回答道："20 年前我为 1 小时 2 美元的薪水而工作，而吉姆却是为了铁路而工作。"

由大卫的这句话中，我们可以知道，我们自己的定位是什么？决定着将来的成就。就像大卫和吉姆一样，大卫是为了生活而定位，所以一生普普通通；而吉姆的定位则是为了整条铁路而工作，所以成为了今天的铁路总裁。这个例子告诉我们人生定位是多么的重要。

一位外企的员工讲过这样一个故事。

这位员工所在的公司由于受到了经济危机的影响，业绩有了很大的下滑，员工之间也少了很多的欢声笑语。当老总知道了这个情况之后，为了改变现状便组织了一次郊游，有人带了毽子，大家围在一起踢毽子，但是传到两三下后，便会有踢偏的现象，结果大家一哄而上，不但没有救起毽子还落得一个人仰马翻的下场。谁都不肯承认是自己出错，大家独自踢了一回，结果几乎都能踢上几十个甚至还有踢上几百个的高手，有人提议让一个人站到中央去，这样一旦出现险情，让中间的人首先救援，这一办法果然有效果，大家都能传到几十下了。当郊游结束后，大家开始讨论，一致得出结论：所有的圆，都要有一个圆心，这个圆心所承担的是一点与另外一点的连接，当有人出现失误的时候，这个点必须能够及时地补上，查缺补漏。一个同事说道："这个圆心应该由老板来担任。"另一个同事说道："重要的不是他的才华和能力。"这时候经理说道："重要的是他的责任。"众人都有所悟地点点头。

这次郊游让全体员工都明白了一个道理：无论是在工作和生活

中，每个人都应该找到自己的位置，并相应地承担起这个位置的责任。有很多的人找不准自己的位置，同时也不明白自己的责任是什么，就像踢毽子似的，每个人都很努力，结果却是很糟糕。郊游回来，公司进行了一系列的调整，每个人都确立了自己的位置，每个人也都明白了自己的责任，公司的效益也有了很大的提升。

找准自己的位置，对自己的工作内容和工作性质要有一定程度的了解，自然就会明白自己的位置和责任是什么了，同时也就知道逃避自己责任的后果是什么。

在我们的周围，有很多人不知道自己的位置在哪里，也不知道自己的责任是什么，他们也从来不去考虑对他人的贡献，也不会去考虑在团队中应该发挥什么样的作用。找到自己的位置，简单来讲就是处于某种环境中时，人一定要找到适合自己的角色。例如，在小时候，和父母生活在一起，我们的位置就是好儿（女）；成家之后，我们的位置变为好夫（妻）、好父（母），在工作中也要找到自己的位置，担负起自己的责任。

【醒世箴言】

我们不该盲目地随意找位置，没有根基的位置是靠不住的。但只要选准了，就要有破釜沉舟的坚定信念，用全力以赴的奋斗精神去完成它。

第二章 思路

　　思路是决定一个人成败的关键因素之一,在逆境和困境中,有思路就有出路;在顺境和坦途中,有思路就有更大的发展。思路可以让你少奋斗十年,可以让你一飞冲天,可以让你在芸芸众生中脱颖而出。所以说,一个人能走多远,取决于他能想多远;一个人能有多大的成就,取决于他有多少通达四方的思路。

拥有怎样的思想，就会有怎样的人生

法国思想家帕斯卡曾经说过："人不过是一株芦苇，自然界最脆弱的东西；可是，人是会思考的。要想压倒人，世界万物并不需要武装起来；一缕气，一滴水，都能置人于死地。但是，即便世界万物将人压倒了，人还是比世界万物要高出一筹；因为人知道自己会死，也知道世界万物在哪些方面胜过了自己。而世界万物则一无所知。"

的确，人生的好与坏，与用脑有着很大的关系。"认为自己能行是正确的，认为自己不行也是正确的。因为，不论是前者还是后者，结果都会按你认为的那样出现。"由此来说，穷人和富人的差别并不仅仅在于金钱，而在于他们的"思想"。

福勒从小出生在一个黑人佃农家里，家中有7个兄弟姐妹。家中生活十分贫困，他在刚刚5岁的时候就已经开始劳动。然而，虽然家庭贫困，而他的母亲却是一位充满想象力的女人，她不甘心仅仅在这种勉强度日中生活。她时常对福勒说："上帝是最仁慈的，我们的贫穷不是上帝的意愿，贫穷对我们来说也不应该是生而注定的，主要的原因是由于你的父亲从来就没有产生过致富的愿望。我们家庭中的任何人都没有产生过出人头地的想法。"

"没有产生过出人头地的想法"这句话深深地印在了福勒的心中。后来这句话改变了他的一生。从听了母亲的这句话开始，福勒产生了走上致富之路的梦想，并且他相信自己能够致富。果然，在这种思想

第二章　思路

的引导下，如今的他不仅拥有一个肥皂公司，而且还拥有了4个化妆品公司、1个袜类贸易公司、1个标签公司和1个报馆。

曾经听到过这样一句话："如果你想创造短期的价值，你就去种花；如果你想创造中期的价值，你就去种树；如果你想创造远期的价值，你就去播种思想。"你的价值取决于你的思想，你的思想有多远，你的价值就会有多大。

美国的传教士兼作家马菲博士在其著作中强调说："想象一些好事，好事便发生了；想象某些坏事，坏事便发生了。"所以说，如果你能将一件事情往好的方面想，那么，事情就会有好的结果；如果你将一件事情往坏的方面想，那么，事情就会有坏结果。福勒想致富，并通过努力最终成了富翁。这说明，你怎样思想，你就会有怎样的人生。

由此可见，成功的源头，是以思考的形式出现的，成功的形成始于思想中对成功的渴望！所以，一个人要想成功，就要勤于思考。我们的生活是什么样子是由我们的想法来决定的，改变想法就可以改变生活。思想就是财富，思想就是力量，思想就是成功的资本。思想蕴含的能量是你事业的基石，也是能够改变内在的基础，只要运用大脑，积极思考，就能在生活中发现机会，创造自己，改变自己的生活，实现人生的目的。

一个人想要攀上巅峰，不是靠别人的帮助，也不是靠机会的垂青，而是靠自己的头脑。那么，从此刻起，让自己的脑子"动起来"吧，不要对你头脑吝啬，让你的大脑充分发挥思考的作用，因为你的头脑只会越用越灵，你每一次的思维都是在给头脑加油，经过润滑的大脑更能适应自然的变化，也才会有更强大的生存本领。所以，我们要时时刻刻把思考放在心中，把思考当作一种兴趣，一种责任，这样，

我们才会体验到思考的真谛，才会形成更好的思考方式，才能抓住腾飞的翅膀。

人的命运是由谁来决定的？在我们今天的社会生活中，已经有了一个确定性的答案——只要我们想，我们就有可能得到；如果不想，那根本就不会得到。如果从思想上想着你肯定失败，那么你怎么能获得成功？所以，你的命运就是由你的思想决定的。

【醒世箴言】

任何成功最初就是一个思路，任何失败最初也是一个思路。思路决定出路，观念决定行动，可怕的落后就是我们观念的落后。

认识你的大脑

大脑，不到3英磅重，但它却比世界上最强大的电脑还要强好多倍。在每个人的大脑中都至少有7个不同的"智力中心"，然而被开发的资源却仅仅是其中的一小部分。所以说，智力资源乃是一个无穷无尽的宝藏。

如今人类已经进入智力社会，智力资源的开发是物质资源和精神资源开发的基础，对人类自身的发展进程，以及社会将来的发展进程都将起着举足轻重的作用。

一次行军途中，拿破仑带领卫兵和一位工程师先到前面探路。他们来到了一条河边，河上没有桥，但部队又必须迅速通过。

第二章 思路

拿破仑问工程师："告诉我，河有多宽？"

"对不起，阁下！"工程师回答道，"我的测量仪器都放在后面的部队里，他们离我们还有10英里远。"

"我要你马上量出来。"

"这做不到，阁下！"

"我命令你马上给我量出河宽，不然我就处罚你！"

工程师沉默了一会儿，很快想出了一个办法。他脱下钢盔，让帽檐和他的眼睛、河对岸岩石上的一点刚好在一条直线上。然后，小心翼翼地保持身体的直立平衡，不断地向后退，等到眼睛、帽檐和岩石的一点刚好在一条直线上时，就停了下来。

他把自己所处的位置标好，并用脚量出前后两点的距离，然后对拿破仑说："这就是河流大概的宽度。"

拿破仑大为高兴，马上就提升了他的职务。

这个故事说明了一个道理：智慧本身就隐藏在我们的脑海里，只是由于我们自身的惰性，使得它们没有充分开发出来，如果不是迫不得已，人们很难发现自己竟然如此聪明睿智。

为什么有人能够预先看出后几步棋的布局，而另一些人却难以预料出这步棋将导致什么样的后果呢？最通俗的说法是：这个人脑子灵活，那个人脑子笨。

为什么有些人在艺术方面表现出才华横溢，而另一些人却在数学和科学方面成绩斐然？简单的说法是：这个人有艺术细胞，那个人有科学家的头脑。

所有这些秘密都锁在头颅内——大脑——一个3英磅重的器官。

那么，人脑到底是什么呢？

英国作家、心理学家、教育家托尼·布赞简明地指出："你的大脑就像一个沉睡的巨人。它是由千亿个脑细胞构成的，每个脑细胞就其形状而言就像小章鱼。它有中心，有许多分支，每一分支有许多连接点。几十亿脑细胞中的每一个脑细胞，都比今天地球上大多数的电脑强大和复杂许多倍。每一个脑细胞与几万至几十万个脑细胞连接。它们来回不断地传送着信息。这被称为'迷人的织造术'，其复杂和美丽程度在世间无与伦比。而我们每个人都有一个。"

现代医学发现，中枢神经系统结构分为两个部分。其一是脑，其二是脊髓。

将头盖骨揭开往里看，会在三层薄膜和大量脑脊髓液之下，看到一大团状似核桃仁的旋绕状物体，不过它远比核桃仁柔软，这就是人脑，它比任何医学检查所显示的图像都要复杂。它包括了左、右脑半球两个主要部分。左脑半球和右脑半球不尽相同。

每一个半球依序由额叶、顶叶、枕叶、颞叶和脑岛组成。隔开半球、叶与叶的三个裂缝，看起来就像是山脉之间的罅隙。

脊髓能接收皮肤和肌肉传来的讯息，再送出指示行动讯号，从脊髓往上延伸的部分称为脑干。除了嗅觉和视觉之外，脑干几乎是传递人体所有感官讯息必经的管道。视觉直接传入大脑皮质，嗅觉直接传入大脑中的边缘系统。

在脑干之内，延髓之上是桥脑，桥脑之上是中脑。延髓控制许多重要的身体功能，诸如心脏跳动的频率、血压和呼吸，等。

对于大多数读者来说，讲这些或许太枯燥单调了，然而正是这些复杂的构造，决定了每个人的智力水平和天赋才能。

目前，人们对于地球上的各种矿藏资源，基本上已经勘察了解得比较清楚了。然而，人们对于自己的大脑、人类智力资源的宝藏的认识和了解却十分肤浅，几乎还是一笔糊涂账。有人说人脑智力已经开发利用了一半，也有人说还没到1/10，还有人认为只用了1%。尽管这些比例数字悬殊，但是大家都承认一个事实：智力资源远未得到充分的开发和利用。事实上，人类的智力资源远不是有限的数字能够表达的，它们乃是无穷无尽的宝藏。

莫斯科大学的派奥特·安诺说："大脑的思维潜力几乎是无穷尽的。"他将人的大脑比作"一架能够同时弹奏无限多音乐曲目的多维音乐器材"。他强调说，我们每一个人天生就有几乎可以说是无穷的思维潜力。他宣称，无论过去，还是现在，从来没有任何一个男性或者女性，彻底地发挥其大脑的潜能。

所以，任何时候，我们都应该记住，我们自己的潜能还远远没有发挥出来。科学家告诉我们，平时使用的潜能充其量也只有我们全部潜能的1/10。这话可能说得有点笼统，但有一点可以肯定：如果我们有较强的自信心的话，我们的表现会比现在更好。

我们可以将我们的精神世界比作海洋。这个比喻是毫不夸张的。因为它的潜能、它的容纳力、它的弹性极为神奇，浩瀚无边，超出了我们的想象，但是却不容置疑。它在人的一生中集聚的力量是如此地神秘，却又是如此地巨大。

【醒世箴言】

智慧本身就隐藏在我们的脑海中，只是由于我们自身的惰性，使得它们没有充分开发出来，如果不是迫不得已，人们很难发现自己竟然如此聪明睿智。

推销自己，才能遇见转机

如今，社会生活的发展变化，给我们每个人都带来了机遇，同时也带来了挑战。我们面临的问题是职业的选择，人多岗位少，竞争非常激烈。能不能在社会生活中找到自己的职业，不仅需要具有一定的知识和才能，而且需要具有推销自己的能力。不会推销自己，即使满腹经纶，也只能自我悲叹英雄无用武之地。过去有句话是：好酒不怕巷子深。这种观念现在已经不适应了，好酒也要走出深巷，走进市场，走向国际，你不去推销就会被人遗忘。所以，推销人才就成为我们社会今天最需要的人才。

这样，推销就成为我们生活中一项主要的内容，也就成为我们生存的基本技能和手段。生活在现代社会中，每个人都必须学会这种技能和手段。

王芳和李英是大学时代的同学，两人关系很好，毕业后，他俩一起来到南方某城市找工作。很巧合的是，两人同时接到了一家大企业的面试通知。在此之前，王芳无论是在专业水平还是在综合能力上一直比李英好很多，然而，王芳有一个不足，就是性格比较内向，从不愿意将自身的优势及时地表达出来。她总是天真地认为"是金子到哪里总会发光"，真正的人才才是企业最终所需要的。因此，在面试的过程中，无论是自我介绍还是应对企业的问题，王芳总是只言片语地回答着，她认为自己所有的优势都写在简历上了，根本无须多言。更

第二章 思路

何况自己有这么多的证书在这儿摆着,这不就是最好的能力证明吗?但李英却与她不同,她的性格十分开朗,并对面试考官的任何一个问题都做了认真而详细的回答,结果,主考官将大部分时间花在与李英的交流上。最后,企业聘用了李英。

按照西方推销学者的说法,这个世界是一个需要推销的世界,大家都是不同形式的推销员,每个人都要推销某种东西,不管你是否喜欢推销。

所以说,懂得推销自己的人更容易找到一个合适的舞台来展现自己的能力。也许你拥有着伟大的梦想,也为此而制订出了相应的计划,然而,如果你不懂得推销自己,不懂得为自己赢得一个"出演"的舞台,那么,这一切的一切都只能称之为茫然。也许你认为自己的能力很强,身边的人也常常说你有才能,然而,你的能力却难以找到施展的空间,就如同王芳一样,认为自己的一切能力都写在了材料上,没有必要再讲出来。可是,事实上是,面试考官们更愿意看到你推销自己过程中的另一面,比如你的口才、你的态度、你的分析问题能力……所以说,推销你自己就是走向成功。

中国古代一直流传这么一句话:"世有伯乐,然后才有千里马。"这是说人才只有得到别人的发现才能成为人才;没有人发现,就不能成为人才。所以,就有"士为知己者死"的誓言。找不到知己,只有空怀一腔报国志抱憾终身。这种人生实际上是失败的,为什么要把自己的一生寄托在别人的发现与赏识上呢?为什么不自己走出去,向世人展示自己的才华呢?其实,千里马是客观存在的,不管有没有伯乐,千里马不会少。关键是千里马自己要跑出来,从没有人知道的大草原跑到现代社会的赛马场,不要等别人来发现,而要自己来证明自己。这就涉及我们的传统观念需要改变,不改变就不能适应这个高速发展的社会。

推销自己就是向世人显示自己的才能和真诚的品格，证明自己具有从事某种工作的能力，你就能够得到自己的工作，实现生命的价值和意义。

所以，推销自己实际上就是要自己顺应社会，掌握一定的知识和技能，能够成为社会有用的人才。同时，推销自己就是要不断地完善自己的人格，因为，真诚的品格和深厚的爱心是你做人成功的保证。具备了这些因素，在这个竞争激烈的社会里，你就会赢得客户的信任，就能够把任何产品推销出去。你不但能够为自己赚来财富，而且会成为对社会有用的人和深受大家爱戴的人。

【醒世箴言】

那些拥有惊世才能的人，不懂得推销自己，就等于自我埋没。谦虚固然是一种美德，但如果过度，也不会得到老板青睐，给人的感觉是这个人平凡无奇，没有才华。

要改变命运，先改变思路

人与人之间之所以会出现贫穷与富有的差别，主要就是因为穷人与富人的想法不同。比如，在投资方面，穷人认为投入4万，如果一年下来能赚到4万，这就说明自己的投资没有亏本，他们就不会失落。所以，贫穷之人，即使他们手中有一定的资金，他们也难以将自己的钱拿出来投资，一旦突然有一天下定决心投资，他们也担心会有风险发生，最终，他们还是走不出那一步。然而，富人却不同，他们的出发点是万本万利。富人们会想，开办一家小饭店所做的投资只有4万，如果我手中有1000万资金，岂不是要开250家小饭店？然而，如果想要将这些饭店一个一个经营好，得操多少心，累白多少根头发？与其这样，不如投资宾馆，一个宾馆就足以消化全部的资本，哪怕收益率只有30%，一年下来也有3000万利润啊！

看！这就是穷人与富人的不同，他们的差别在哪里，主要就是思想的差别。

在当今的知识经济时代，如果你的口袋干瘪，这说明你的脑袋一定出现了短路。想要改变自己的人，首先要做的就是改变自己的思想、观念。无论你有多么贫穷，但如果你拥有一个会思考的脑袋，那么，你就能创造无穷的财富。

观念决定命运，思维决定行动。如果你想让自己的思想发生转机，当务之急就是对自己进行一次彻彻底底的改造。虽然在当前你身边的一切可能还保持原样，但你依然要培养自己成功的欲望，学着像成功之人那样去思考，并借鉴他们生活中一些细节，或许幸运之神就会很快来到你的身边。

在《孙子兵法》中，孙武用"九变"来形容战场变化之多，也用"虚实"来说明敌情变化多端。为此孙武提出为了胜利应"践墨随敌，以决战事"。如果我们不随事物、事态的变化而变化，而是僵化拘守成命，一成不变，那么其下场必定是可悲的。

做事也一样，也要学会灵活变通。在现实生活中，任何事物的发展都不是一条直线。智慧之人能看到直中之曲和曲中之直，并不失时机地把握事物迂回发展的规律，通过灵活变通，达到既定的目的。虽

然很多人鼓励我们做事要有恒心，要有韧劲，要有"不到黄河不死心"的决心，这没错，但是在很多时候，"一根筋"的下场只会是四处碰壁，被撞得头破血流。事实上，坚持一个方向走到底是不太现实的，就像你开车，不可能总是方向不变。只有懂得变通，才不失为一位智者。

在当今的社会中，竞争异常激烈，一个人想要实现梦想、赢得成功，这并非像你所想象的那么简单，在这个大的社会中，想要赢得一切，就要懂得让自己活在变数里，中国有一句古老的名言"穷则变，变则通"，西方也有一句谚语，"上帝向你关上一道门，就会在别处给你打开一扇窗。"很多人之所以一生都在碌碌无为中度过，主要就是因为这些人一生都没有搞清楚思路对人生的决定性作用。所以说，只要我们善于变化自己的思维习惯，善于改变自己的观念，我们就能走出困境，迎来转机，进入新的天地。

【醒世箴言】

当今时代是一个创新思维大飞跃的时代，在这个时代中，人的思维正以前所未有的速度向前发展，而人类思维方式的每一次向前发展，都将为新时代的到来创立一个崭新的舞台。

第二章　思路 //

激活你的想象力

在平时，人们听得最多的一句话是："我太想冲破人生难关了，可是我又没有办法。"这个"想"字就是我们非常关注的内容，为什么有些人能心想事成，而有些人却想入非非呢？

想象力通常被称为灵魂的创造力，它是每个人自己的财富，是每个人最可贵的才智。一个人的想象力往往决定了他成功的概率，一个人想象力越丰富，他成功的机会就会越多；反之，就会越少。当然，你思考的可能不只是致富，但你仍然无时无刻不在思索着这样一个问题：如何才能获得人生的成功呢？

在《卡里布公主》这部喜剧中，一名年轻的英国女郎幻想自己是位来自遥远岛国的公主，她甚至创造出自己的语言、旗帜、服装及家世。她的仪态、站姿以及高雅细致的手部动作，都在说明她出身尊贵。她真的相信她自己是个公主，以致整个镇上也开始相信她，认为她给小镇带来了欢乐和启示。后来，全伦敦的贵族都学习她的异国原始舞蹈，在她身后排成一长列，模仿她转身和摇摆的动作。

银行家也请她担任大使，来筹款投资那个小岛。一位公爵向她求婚，心想娶了她可以扩充自己的领地及提升他的个人形象。妇女们竞相模仿她的穿着，很期盼有皇室之人来造访她们。

接着，剧情急转直下，一名记者发现这位公主所说的国家根本不存在，她也不是异国贵族，只不过是个来自伦敦的平凡孤女而已。她

在接受这名记者访问时解释说:"当我想到这位公主时,我真的变成了她。"最后,所有人的想法都改变了,并且体会到他们需要她充当那位公主,才能使他们对自己更有自信。记者后来爱上了她,两人乘船到了美国,因为那儿的每个人似乎都能实现自己的梦想。后来,她成了一位名副其实的公主,拥有华丽的宫殿和数不清的财产……

这虽然是个虚构的故事,却充分地说明了想象力的重要性。心灵力量的发挥已经被众多的自我成功者接受,并取得了很大的成功。不但如此,想象力还是成功的第一规律,思考致富的支持者——股票大王贺希哈也认为成功的第一规律即想象力。

威廉·詹姆斯说:"灵感的每一次闪烁和启示,都让它像气体一样溜掉而毫无踪迹,这比丧失机遇还要糟糕,因为它在无形中阻断了激情喷发的正常渠道。如此一来,人类将无法聚起一股坚定而快速应变的力量以对付周围的突变。"

善于思考,才能心想事成;胡思乱想,只能事与愿违。我们的生活是什么样子是由我们的想法来决定的,改变想法就可以改变生活。

【醒世箴言】

不要小看想象力的力量,只有会想象的人才会在紧张局面出现的时候做出迅速的反应。当你面对困境时,思考会让你变得坦然,会让你努力思索如何增强自己的能力、改变现状。

第二章　思路 //

思考产生智慧

把你的思想当作一块土地，经过辛勤且有计划地耕耘，就可以把这块土地开垦成产量丰富的良田，或者也可以让它荒芜，任由它杂草丛生。

想要从你的思想中得到丰收，你必须付出努力和投入各项准备工作，这些工作的安排和执行就是正确思考的结果，所有的计划、目标和成就，都是思考的产物。你的思考能力是你唯一能完全控制的东西，你可以有智慧，或是以愚蠢的方式运用你的思想，但无论你如何运用它，它都会显现出一定的力量。

约翰·杜克没有受过正式的学校教育，也不会写字，却有一套敏锐而理性的思考方式，使他成为世界上最富有的人之一。他不浪费时间争辩琐碎或不重要的事情。他总是喜欢根据事实，迅速地作出决策。

有一天他遇到一位老朋友，那位朋友听说杜克准备开2000家香烟连锁店，感到非常惊讶。"我的合伙人和我，"那个朋友说，"只要开两家店就忙不过来了，你还想开2000家！那是一项错误，杜克。"

"错误？"杜克说，"我的一生都在犯错。但是，如果我不犯错误，绝对不会停下来讨论。我会继续下去，犯更多的错。"

杜克继续他的计划，开了零售香烟连锁店，后来每个星期的营业额高达数百万美元。他捐出数百万美元设立杜克大学，这些钱对他而言微不足道。他致富的秘诀是，当机立断，迅速作出决策，有些决策做对了，是因为思考的结果；有些决策失败了，是因为没有认真思考。

要使自己成为一位正确的思考者，你必须学会把事实和感觉、假设、未经证实的假说和谣言分开；同时将事实分成重要的和不重要的两个方面。一个正确的思考者必须仔细调查你所得到的每一项资料，必须了解你所得到的资料是如何被抹黑、修改或夸大的，并找出其中的一些事实存在。

无论谁企图影响你，你都必须充分发挥你的判断力并小心谨慎，如果言论显得不合理，或者与你的经验不相符时，应该做进一步的调查。

人类中普遍存在的两个相反的特质：轻信和断然不相信他们不了解的事物，都是正确思考的绊脚石。

你应该对他人的意见抱着审慎的态度，这些意见可能具有危险和毁灭性。你应确定你的见解不至于受到他人偏见的影响，具有正确思考能力的人，都会学习运用自己的判断力，并且对于外在的任何影响，都保持着谨慎的态度。

无论你是否封闭自己的内心，是否故意忽视或拒绝相信，事实还是事实。

思想的力量是你唯一能够绝对掌握的东西。你必须理性地思考，才能有效地运用此种力量。

理性的思考者不让任何人代替他们思考。成功的人都有一套达成目标的方法，他们会采集资料，征询别人的意见，最后由自己作出决定。

理性的思考有两项基本原则：第一，对于未知事实或假设，有推论及判断的能力；第二，对于已知的事实，能够加以归纳分析。理性的思考者通常会采取两个步骤：第一，分辨事实及未经证实的传闻；第二，把事实分成两类——重要及不重要。重要的事实可以用来达成你的目标，其余则都是无关紧要的。

许多人对于道听途说的传闻及无关紧要的事实，不停地钻牛角尖，因而导致失败及悲剧。理性的思考者能够判断别人所表达的意思是否有价值。全盘接收某些自以为是的偏见和成见，或是想当然的臆测之词都是非常危险的。

听到"据说"这样的开场白，理性的思考者会充耳不闻，因为他知道接下来都是一些没有意义的话。理性的思考者知道，对自己负责任的人，一定要根据可靠的事实，才会发表意见或提出任何问题，而不会人云亦云。

理性的思考者也知道，朋友的意见不一定值得采纳。如果他需要忠告，宁可付费寻求可靠的咨询对象。他知道凡事必须经过审慎的考虑，才会有价值。理性的思考者不会意气用事。他们以合乎逻辑与规则的方式处理问题，不会受情绪的左右。

人们常说知识就是财富，其实思考也是一种财富，智慧产生财富。

【醒世箴言】

"思维是行动的先导"。聪明人宁可受苦也要保持清醒，宁可忍受痛苦也要思考。亿万财富买不来一个敏锐的思考头脑，而一个会思考的头脑却能让你成为亿万富翁。

追求知识，是成功的保证

掌握了一定知识的人，他的生命就会显得很饱满。没有知识的人生命是干瘪的。

让生命变得饱满，实际上就是要为自己的成功积蓄必要的力量。人生的过程就像烧沸一壶水，成功好比蒸汽顶开壶盖。水温达到100度，顶开壶盖轻而易举，假如温度不够，哪怕是99度，这壶盖还是不动。让生命变得饱满与挖掘自我的潜力不同。一个只知道挖掘潜力，不进行必要的智慧、能力积累的人一定会在生活中碰壁，而一个没有潜质却懂得积蓄力量的人完全可以获得生命的辉煌。道理很简单：让生命变得饱满是"给"，挖掘潜力是"取"，"给"永远是"取"的前提。

人生的成功永远有着多种形式，有物质上的，有精神上的，但人生最大的成功莫过于让自己的生命一步一步变得饱满、变得在关键时刻具有出类拔萃的爆发力。

郝佳结婚24年之后，丈夫跟她离婚。她既没受过从事任何职业的教育，又没有自力更生的信心，按理说大有陷入自怜而从此一蹶不振的可能。

可是，她并未如此。她奋力振作，对自己负责。"我要跨越创伤，替自己争一口气，"她说，"于是我去读经营房地产的课程，取得经营执照，然后开设自己的事务所。我相信，不用多久，我就会成为这个城市中数一数二的独立经营房地产的经纪人。"

郝佳学到了相关专业知识,她很快就找到了自己的位置,取得了成功。

现在,社会在高速发展,谁掌握了知识,谁就掌握了未来。你有没有瞻望未来?要为获得明天的"红利"而将多余的时间投资在今天呢?

不论你从事何种职业,工作时间全部加起来最多也只占一个星期的一半的时间(一般公司机关每天工作时间为八小时,一个星期上四十小时的班,为一周总时数三分之一不到),请问剩下至少一半的时间你都在做些什么?这些时间包括一天工作时间结束后的余暇时间以及至少一到两天休息的时间,这么多的时间都是属于自己的自由时间。现在,闲暇时间是有了,问题是你应该怎样去有效地利用这些时间。

亨利·布莱斯顿说过:"人类拥有头脑这如此神奇的东西,如果用来浪费在一些无聊的事情上,岂不太可惜了!"

如果你想创造美好的明天,就应该把自己的时间应用在一些有实际价值的事情上,你可以学习一些新知识,这些知识可以引发你心灵深处的属于你自己的原发创意,在以后的日子里,就会成为有用的工具,使你在社会上拥有自己的地位。

那么,怎样才能获得自己所需要的知识呢?

取舍一下,你需要哪一类专业知识?以及需要的目的何在?你人生的主要目标,你努力的方向,是帮你决定需要知识的重要因素。解决了这个问题,你的下一个动作,是你要有正确的资讯,知道哪些知识来源是靠得住的。其中最重要的是:

每个人自身的经验和知识;

经由他人运作(智囊联盟),可以得到的经验和知识;

大专院校；

公立图书馆（在图书期刊中可以找到所有经文明组织过的知识）；

特定训练课程（尤其夜校和在家研读的电大、函授课程）。

吸收知识的时候，还必须加以组织和使用，借着务实的计划，达成确切目标。除非知识能针对某个值得努力的目标应用才获益，否则知识本身是没有价值的。

如果你考虑要再读一点书，首先要拿定主意，你寻求知识的目的何在？然后从可靠的消息来源得知，这种特定类型的知识，可从何而得？各行各业的成功人士从不停止学习与其行业、主要目标、生意相关的专业知识。成就不大让人有机会学习取得实用知识的方法，如此而已。

【醒世箴言】

成功者始终都在用一种最积极的态度去学习，以最乐观的态度去思考，用思考和学习的经验去控制和支配自己的人生。而失败者却消极地怨天尤人，不思进取。

创业要领，果断抓住商机

"果断抓住商机，不让商机从我的眼前溜走，这是我成功的秘诀。"这句话是很多成功企业家在总结自己的成功经验时常说的一句话。的确，如果你能够抓住商机，你就能先人一步进入市场，当别人

第二章 思路

跟风进入的时候，你已经有了一定的名气，也有了稳定的顾客，这就是能够抓住商机的最大好处。可是商机不会因为任何人而停留，所以，当你发现商机的时候，一定要及时出手，果断抓住，不能让商机从眼前溜走。

商机有可能隐藏于各种信息之中，有可能在你阅读的报刊中，有可能在别人的闲谈之中，也有可能在你不成熟的想法中。一个成功的商人总是能从各种信息中发现宝贵的商机，然后果断出击，赚得满堂彩。只要你肯留心，也能够从一个人的抱怨声中发现商机，从一件小事中发现商机，也能够从大量的假象中找到商机。但是，在发现商机之后，还需要有果断出击的勇气，只有果断出击才能及时抓住商机，那些能够看到商机却没有及时出击的人，也只能吃到别人的残羹冷炙。所以，年轻人要想成就一份事业，就不能瞻前顾后，犹豫不决。因为，这样会让你白白断送一个大好的商机，要记住，只要你能发现商机，就要不惜一切地去抓住商机。

20世纪50年代，22岁的李嘉诚创办了长江塑胶厂，专门生产塑胶玩具。由于李嘉诚进入得比较晚，所生产的塑胶玩具已经处于一个饱和状态，所以塑胶厂销路不畅，濒临破产，就在这个无比黑暗的时期，李嘉诚在一篇杂志中发现了商机。在翻阅一本当时最新的英文版《塑胶》杂志时，他发现在一个不太引人注目的地方，刊登了一项有关意大利一家公司用塑胶原料设计制造的塑胶花即将倾销欧美市场的消息，凭着敏锐的市场嗅觉，李嘉诚马上联想到在和平阶段，人们在满足温饱情况之后，一定会追求精神上的享受，比如种植花草，但是种植花草等植物，不但每天要浇水、翻土，而且花期非常短，算起来很不划算。另外，香港的生活节奏非常快，特别是对那些上班族而言，种植花卉确实有些耗时。但是，如果能够用塑胶制成鲜花的话，不但

61

美观大方，而且物美价廉，还能美化人们的生活环境，缓解人们的疲劳。李嘉诚发现了这个商机，同时也宣告塑胶花的黄金时代即将来临，不久后，李嘉诚决定开始生产塑胶花，为了把塑胶花能够塑造得更加真实，李嘉诚亲赴意大利学习技术，学成归来后，马上开始生产塑胶花，一时间，物美价廉同时又美观大方的塑胶花出现在香港，在广告和促销的带动下，香港人争先恐后地购买塑胶花，塑胶花的诞生，填补了国内市场的空白，许多的经销商都非常愿意按照李嘉诚所开出的条件展开合作，甚至有的为了买断经销权愿意预付50%订金。塑胶花为李嘉诚带来了数千万港元的盈利，同时，长江塑胶厂一跃成名，李嘉诚也获得了塑胶花大王的美名。李嘉诚发现了商机，并且果断地抓住了商机，从此之后，他不但走出了困境还成为了最富有的中国人之一。

所以说，成功的商人就必须审时度势，果断前行，不要拖泥带水，这样，你才能够先人一步，率先发现商机，才能使你迅速占据优势。做事畏首畏尾，前怕狼后怕虎，犹犹豫豫，这样的人是难以成就大业的。当然，不可否认，商场中存在风险，但是不能因为风险的存在就畏缩不前，在当今竞争激烈的商场中，如果你的心态有那么一点点的犹豫，那么，良机也许就被你错过了。

20世纪80年代末，李晓华无意之间在报纸上看到一条消息："中国生产的101毛发再生精在日本市场上的价格一路上扬。"就是这句话，让李晓华感到无比兴奋，他决定要争取到101毛发再生精日本代理权。李晓华马上采取了行动，在很短的时间里，李晓华和赵章光成了很好的朋友，并顺利地取得了101生发精在日本的代理权。李晓华以10美元的价格进货，以70~80美元的价格出售，仍然供不应求，可谓是一本万利，李晓华在101生发精中获得了巨额的利润。就连当时的日本首相也接见了他，并称赞李晓华为中国"最优秀、最有智慧的企业家"，可谓是名利双收。

现代社会是一个经济与信息的综合体，如果你能在其中发现并且抓住商机，那么你将成为下一个成功的创业者。在人生的旅途中，会出现很多机会；在创业的道路上，也会有很多的商机，主要就看你是否能够抓得住。美国有句谚语，翻译过来是这样的："在通向失败的道路上，处处可见错失了的机会。坐等幸运从前门进来的人，往往忽略了从后窗进入的机会。"

【醒世箴言】

一个人要成功，就要善于抓住商机，坚决果断，便可在市场中占据优势，掌握主动权，赢得财富，反之，则难以在商界中找到立足之地。

放下固有的思维模式

很多人在遇到困难的时候，还没有来得及分析这个困难有多大的时候，就在自己的心理设下了栅栏。一旦栅栏出现，那么要想跨越就需要一番周折。当你遇到困难的时候，只要找到问题的真正关键，然后想办法克服它。其实，跨越心理的栅栏并不是一件非常容易的事情，但也不是不可行。要想你的思维有创意，就要抛弃旧有的习惯，并且要拒绝现状。要想成为有创意的人，就要敢于去冒险，如果不去冒一

些险，不跌倒几次，就谈不上什么进步。

日本著名企业家通口俊夫，在医药界可谓是大名鼎鼎，分店已经经营到全国各地。然后在创业之初，也曾遇到严重的困难。一开始，通口俊夫沿着铁路线开了三家店铺，但是生意却出奇地差，已经快要经营不下去了。正在烦恼中的通口俊夫被一个孩子手上的三角尺给吸引住了，这使得他突然想到了，原来自己的三家店铺地点过于分散，无法集中客源，应该像三角尺一样，呈三角状态，这样不但能够有效地集中客源，还能保证中间客源。之后，他关闭了两家店铺，另外又开了两家店铺，这样就呈现了三角状态。果不其然，没过多久，业绩呈直线上升。通口俊夫利用这种三角经营方法在全国开了上千家的分店，也同时成了全国著名的企业之一。

当我们遇到阻碍的时候，应该坐下来仔细思考一下，找到问题的关键在哪里？也许在某个不为人知的角落，藏着一个通向光明的出口，等待聪明人去发现，这也是这个例子所要告诉我们的一个哲理。

固有的思维模式和思维习惯很可能在我们的心底设置一个高高的栅栏，就好像是今天成千上万的销售员一样，徘徊在路上，身心俱疲、情绪消极、收入不高。有太多太多的人抱着希望相继而至，又有太多太多的人抱着失望而离去，究其原因，在于他们所想的一直都是他们想要的，而并不是让他们的顾客知道他们的服务和商品能为顾客带来什么样的好处、什么样的便利。有人说："一个能从别人的观点来看事情，能了解别人心里活动的人，永远不必为自己的前途担心。"当第一次遇到挫折的时候，也许没什么，但是第二次、第三次遇到挫折的时候，他们就会怀疑自己是否适合推销工作，于是，在第四次推销的时候，事先已经在自己的心底设置了一道栅栏，这样他是绝对不会成功，因为他没有跨越他心底的栅栏。所以，我们要学会换一种角度

第二章 思路

去看问题，当出现问题的时候，要勇于打破固有的思维模式，学会换位思考，也许会有不同的发现，也许会找到通往光明的入口。

有一个小男孩，体重较轻，而又挑食，父母拿他也是全无办法。父亲在无奈之下对自己说："孩子想要的到底是什么呢？我如何才能把我想要的变成他想要的呢？"

当孩子的父亲这样想的时候，他发现事情其实没有那么难。这个小男孩有一部脚踏车，非常喜欢在家门口骑来骑去。邻居家有一个比较大的男孩，经常把这个小男孩拉下来，自己骑上去。每当这个男孩哭着回家告状的时候，爸爸就会出现，把那个大男孩拉下来，把自己的孩子抱上去。小男孩要的是什么呢？是他的尊严，后来，他的父母不再帮助他夺回脚踏车。因为他愤怒爸爸妈妈对他的事情不管，所以小男孩采取偏食的方式来报复。而当父亲告诉他，只要你不偏食，有一天你也会把那个大男孩打得落花流水，小男孩从此不再偏食了，也愿意吃蔬菜了，任何东西小男孩都爱吃了，因为这样他就能快点长大，就能把常常欺负他的那个大男孩打得落花流水。

这位父亲没有采用一贯的方式，而是打破了固有的思维模式，正因为这样，这位父亲才收到了好的效果。往往世界上的事情就是这样的，当遇到困难的时候，只是一味地抱怨、叹气是不会解决困难的，甚至永远逃不出失败的阴影。只有积极尝试换位思考，摒弃以往的思维模式，你也许会发现，成功就在下一个转弯处。

【醒世箴言】

有句经典名言说："思维一旦进入死角，其之力就在常人之下。"所以在处理事情时，我们要打破固有的思维定式，开辟思维的空间站，不断前进。

打开思路，推陈出新

　　成功的企业的经营秘诀无非是靠不断地推陈出新。特别是在21世纪之后，伴随市场竞争的日趋激烈，推陈出新已经成为在市场竞争中力求不败的不二法门。发展总是要靠创新去实施，而创新并不是什么高深莫测的东西，关键在于我们是否具备创新的意识。

　　松下幸之助是日本著名的企业家，创业之初是靠生产电插头起家的，但是由于插头的市场已经趋于饱和，销路并不是很好，没多久企业就陷入了困境。

　　有一天，松下幸之助非常疲惫地坐在一户人家的门口，一对姐妹的谈话却引起了他的注意。姐姐正在烫衣服，弟弟想看电视，但是插头只有一个，烫衣服就不能开电视，两者不能同时使用。于是弟弟就冲着姐姐嚷道："姐姐，你能不能快点啊，我还想看一会儿电视呢！"姐姐哄着弟弟说道："马上就好，马上就好了。""你的'马上就好'已经说了十几遍了，还是没好啊！"弟弟因为想看电视一直在吵着。松下幸之助忽然想到：有一根电线，有人烫衣服就不能看电视，两者不能兼得，这确实不是很方便，如果能够生产出两个插头的话，那么这个问题就迎刃而解了，于是他回去加紧研发出了两个插头的电插头，经过试用之后，很快投入生产，产品一经问世，非常受欢迎，订货的人也越来越多，简直是供不应求，无奈之下松下幸之助只好增加工人，扩建工厂。从此之后，松下幸之助的事业走上了正轨，逐年发展，利润也越来越大。

一提到创新有人马上会联想到发明创造，有些人觉得发明非常地神秘，甚至会想到："发明只是科学家的事情。"事实上这种想法非常迂腐。在当今社会，发明已经不仅仅是科学家的事情，有许许多多的发明专利是出自普通人之手，每个人在自己的生活和工作中，只要稍加留意就会迸发出发明的火花。

有一家生产牙膏的公司，因为包装精美，产品优良，深受广大消费者的认可，营业额也在不断攀升。公司的经营记录显示，在过去的十年里每年的增长率都是100%，这样的成绩让公司的每位领导都十分高兴，但是业绩在第十一、十二、十三年的时候却停滞不前，每年都维持现有的数字，公司的领导纷纷表示不满，就召开了公司管理干部会议，会议主要讨论应对的策略。

在会议中，有一位主管包装生产的经理站起来说道："我有一个建议，如果被采纳的话，我要十万元的奖励。"大家听到后都非常地生气，认为这位经理每月都在领取工资，另外还有奖金，提一个建议还要额外的奖励，真是有些过意不去了。这位经理接着说道："如果我的意见被采纳的话，将会大大改变现有的状况，有效地提高公司的销售额，这些钱和公司将取得的利润比根本不算什么！"在公司领导同意后，这位经理说出了自己的意见，就是将现有的牙膏开口扩大1毫米。想一想，每天早上，每个消费者多用1毫米牙膏，每天牙膏消费量将多出多少倍呢？公司的总经理马上兑现了自己的承诺，给这位经理签下了一个十万元的支票，使该公司第14年的营业额增加了55%。

一个好的创意几乎能够决定一个公司的命运，创意和财富往往成正比的。如果你认为你现在所做的事情是正确的话，而且在将来一定可以实现的话，那么你就坚持做下去，不必在意失败和别人的嘲笑，勇往直前，那样你离成功已经不远了！

其实成功与失败往往取决于人的"一念之间"。每个人都有自己的想法和创意。这种创意只有大小之差，并无其他的差别。在每个人的周围都有你想象不到的创意方法，只有你坚持你的想法，并为之不断地努力，总有一天你会取得成功。

在当今竞争激烈的市场，只有做别人没有做过的事情才能达到出奇制胜的效果，才能从竞争对手中脱颖而出。要想达到这种效果，必须打开封闭的头脑，才会出现新的创意，改变我们的生活。

所以说，成功不是不可能，思路起着决定作用，当今知识经济的时代呼唤智慧的强者，这犹如空气对于生命一样，思路对于我们找到成功的人生出路，有着不可估量的作用，正确的思路总是能使一个人、一个企业、一个民族乃至一个国家，朝着正确的方向发展，这是确定无疑的。

【醒世箴言】

思路越宽，出路就越宽，多一个思路就多一条出路。一个人无论遇到多么大的瓶颈，都不要坐以待毙，而是要去寻找思路，去拼搏，去奋斗。这样才会找到光明的发展前途。

思路有多远，出路就有多远

卡耐基曾经说过："做生意要有远大的目光，要配合时代的需要。只有这样，你才能成为一名称职的和优秀的商人。"

思路有多远，就能走多远。目光短浅的人是难成大事的，只有目光放远才能成就事业。有一个购买苹果的故事特别值得我们深思。

有三个年轻人结伴而出，寻求创业致富的机会。在一个偏远的山村，他们发现了一种又红、又甜的苹果，由于所处偏远，交通和信息都不是很便捷，这种优质的苹果只能在当地销售，而且价格非常便宜。其中一个年轻人倾其所有购买了10万箱的苹果，运回家乡，并以两倍的价格在当地销售，这样往返，成了一名百万富翁；第二个年轻人用自己的一半资金购买了这种优质苹果的种子，并且在当地承包了一个上坡，把果苗栽种，用了三年的时间精心看护果苗，在这三年的时间里没有一分钱的收入；第三个年轻人来到当地，用手指了指果树下的泥土说道："我想买这些泥土。"主人一愣，摇摇头说道："不行，我们这里的泥土是不出售的。"他弯下腰在地上捧起了一把泥土，真诚地说道："我只要这一捧，您就卖给我吧！多少钱我都给。"主人笑着说道："好吧，你就象征性给我1块钱就行了啊！"他把这个泥土带回家乡，把泥土样本送到化验所进行检验，分析泥土中的各种成分和湿度。后来，他承包了一片山地，用了整整三年的时间，开垦、培育那片泥土。然后在上面栽种了这种优质的果苗。

十年过去了，三位结伴而出的年轻人命运截然不同，第一位购置苹果的年轻人依然每年往返购销苹果，因为当地的交通信息很发达，竞争者太多，所以每年的利润也越来越少，有的时候甚至是保本。第二位年轻人在自己的家乡拥有了自己的果园，但是因为土壤的不同，长出来的苹果没有预想的那么好，但是每年仍然有不错的利润。第三位年轻人经过分析当地的土壤成分，种植出来的苹果几乎和原产地不相上下，每年都有大量的购买者争相购买，总是能够卖出一个好的价钱，利润是非常大的。

从三个年轻人的结果我们可以看得出来，远见就等于金钱。远见是指一个人思考未来的能力，一个企业要想得到好的发展机遇，是离不开经营者的远见的。只有具备这种远见的人才能看清未来的发展方向，把握住商机。但是，如果一个企业的掌舵人目光短浅，而且急功近利，企业是得不到长远的发展的。面对当今优胜劣汰的市场大潮中，有许许多多的企业都被淹没其中，被淹没的一个重要原因是这个企业的眼光和意识，如果一个企业家只看到了局部的发展，没有一个长远的打算，没有进步的眼光，一个个的良机就会错失。远见是一个优秀领导者所必须具备的，只有具备了这种眼光才能在竞争中脱颖而出，成为一个胜利者。

一个经营者能否带领企业走向成功，关键是能否把握好市场发展的态势，从而趋利避害，抓住商机，掌握好竞争的主动权。企业领导者要经常思考一下企业的未来，去锻炼自己的眼光，只有这样才能在激烈的市场竞争中取得胜利。

【醒世箴言】

思路决定出路，思路与出路的关系是源与流的关系。源之不远，流之不长；源之不丰，流之不活。所以说，思路对出路起着十分重要的作用。

第三章　机会

　　有的人一生荣华富贵，有的人一生贫困潦倒，有的人一生平平淡淡，有的人一生风光无限，其中缘由主要取决于一个人如何看待人生的转机。唐朝文豪韩愈说"动皆中于机会，以取胜于当世"，机会是生活与命运这两条曲线中的交会点，决定了人生的走势，如果你能看到它、把握它，那么，这个走势会将你从谷底带到顶峰，为你铺就好成功的道路，让你品尝到成功的甘美滋味；相反，那么，你的命运注定只能与平庸为伍，任凭机会在你身边匆匆而过。所以说，人的一生最关键的是，在人生的转折点上能否走好关键的一两步，能否把握住那稍纵即逝的机遇。

不失时机地认识和利用机会

一个人在成长的过程中，能否适应这个高速发展的社会，能否更好地生存下去，在很大的程度上都取决于这个人能否抓住机会。机会对一个人的事业来讲往往起着推波助澜的作用。

20世纪80年代初，英国查尔斯王子大婚。消息一经传开，伦敦城内的各行各业都沸腾了，都准备借这次机会发一笔大财。做糖的企业在糖纸上印上王子和王妃的照片，有的在服装上印上王子和王妃的结婚照。但是在各种营销策略中没有一个赢得过"望远镜"的。这位老板是这样想的，什么是那天观众最需要的东西呢？结婚庆典之时，至少也有上百万的观众，肯定有一半以上是远距离观看，这些观众是无法一睹盛况的，而此时人们最想买的就是一枚纪念章和一个可以看清远处景物的望远镜。考虑周全之后，这位商人马上着手生产了几十万个望远镜。

当仪式开始的那一天，正当成千上万的人因为距离太远而无法看清楚的时候，一群小贩出现在人群中并高喊着"卖望远镜了，一英镑一个！请用一英镑看婚礼盛典！"不一会儿几十万个望远镜被抢购一空。当然这位老板也赚得很多。

机会对任何人来讲都是平等的，对于出现的机会，要看谁能抓得住，并且用得好。只有时刻准备着的人才会在机会到来之时抓得住，也只有勇于尝试的人才会取得成功。在上面的这个例子中，其他的企业老板也抓住了这个机会，只是相对没有生产望远镜的企业老板抓得准而已。归根结底主要在与这位老板比其他人想得更深，抓住了当天观众的最大需求、最想买的东西。

作为一个企业的管理者，在机会到来的时候一定要抓住，并且要更深层次地研究。同一机遇，大家都会利用，但是谁能利用得更好，那人就是最终的胜利者，而胜利者所占的比例绝对不会太高。要想成为少数的胜利者，就必须在分析上做得更细致。其实，这只需要对顾客的需求心理研究得细致一点而已，把握得更精确一点而已。只有这样，才能在抓住机会的同时，高效地运用。

培根曾经说过："造成一个人幸运的，恰是他自己。"每个人的一生都会有几个大的转机，而大的转机就意味着大的变化。没有大的变化，一定没有大的发展；因此，要想有大的发展，就必须要善于抓住时机。

学会把握机遇，这是人生的一大重要课题。时机的珍贵，就在于它稍纵即逝，得来不易；时机的价值，就在于它创造机缘，走向辉煌。

机遇的出现是没有规律可以遵循的。善于抓住机遇的人，处处是机遇；轻视机遇的人，即使良机来敲门，也会错过。

【醒世箴言】

机遇就像天资、禀赋一样，它只提供一个机缘，一个条件，一种可能。最有希望成功的，并不是才华出众的人，而是善于利用每一次机会，并全力以赴的人。

好品质带来好机会

吉拉德说:"诚实是推销之本。"的确,拥有良好的品质是做人处世的一条基本原则。在人生的拐点中,好品质是一个人得到别人信赖和信任的基础,可以让人走出人生的不如意;可以让人成为真正的智者;可以让人获得好机运。

曾经一贫如洗的叶澄衷后来成为商业场上的"五金大王",他的成功就是好人品带来好机遇的最好表现。

早年,叶澄衷在黄浦江上靠摇舢板船卖日用杂货和食品维持生计。一天,一位英国洋行经理坐他的小舢板去办事。然而,当船靠岸后,那位英国人由于很着急,匆匆离去,结果却将一个十分重要的公文包掉在了舢板上。

叶澄衷发现后,随即打开一看,结果让他十分震惊,包里居然装有数千美金还有钻石戒指、支票本等贵重物品。这些财物可是他花一辈子的时间也赚不来的。如果他将这些东西据为己有,那么,他从此就可告别现在的贫困生活。但是,他却没有这么做,而是在原处等待英国人回来。

走了一段路程后,那位英国人才发现自己的公文包不见了,十分着急,于是,他原路返回,开始寻找,但直到傍晚仍一无所获,最后他垂头丧气地来到了码头。

叶澄衷将公文包还给了他。

本来已经不抱希望，如今，公文包却失而复得，而且里面的物品丝毫未动。英国人十分感动。他立即抽出一叠美钞塞到叶澄衷的手中，以表示他的敬意与谢意。但叶澄衷交包后就要摇船离去。

英国人说："你能送我到外滩吗？"叶澄衷点头答应。

船靠岸后，英国人诚恳地邀请他一起做五金生意。

从此，地位卑微的中国苦力叶澄衷迎来一次千载难逢的机遇。

在英国人的提携下走上了商途，而他的拾金不昧高尚品德更让其在今后的经营过程中，赢得了人们的信任与尊重，一步步地走上"五金大王"的地位。

看来，诚信的魅力是如此巨大。"五金大王"叶澄衷因自己的品质优良，赢得了英国人的认可，并最终得到了好品质的报偿。

然而，我们在想到真诚的同时，首先应学会奉献自己的一片真诚的心。你希望别人怎样对待自己，你就应该怎样对待别人。请交出真诚吧！因为真诚，我们才能取得别人的信赖和信任；因为真诚我们才可以收获一份意外的惊喜；因为真诚，我们才可以走出人生的不如意；因为真诚，我们才可以成为真正的智者。

好品质历来是人类道德的重要组成部分，在现代社会中，好品质更是居于举足轻重的地位。在当今竞争日趋激烈的市场条件下，好品质已成为竞争制胜的极其重要的条件和手段。它综合反映出一个人的素质和道德水平。唯有拥有好品质，才能在社会中赢得信誉，然而，谁赢得了信誉，谁就能在市场上立于不败之地，谁损害或葬送了信誉，谁就要被市场所淘汰。

【醒世箴言】

以诚信待人处世，可以广交朋友；以诚信服人，可以得到人们的尊重；这是做人的本义，是最高明的处世之道，也是最有效的成功素质之一。

嗅觉机遇需敏锐

有一个词语叫"稍纵即逝"，如果用这个词语来形容机遇，是十分恰当的。机遇十分奇妙，对待它，不仅需要你及时把握，而且需要对它保持一种敏锐的嗅觉。

因为机遇并不偏爱任何人，它会降临到天下任何人身上，但是能够发现机会，并把握住机会的人却是少之又少，正因为如此，天下成功者永远比平凡平庸的人少，因而，成功就显得难能可贵，可遇不可求。由此来说，能成大事者，无一不是善于发现机会把握机会的人。

源于此，很多人常常说："我们要善于利用机会。"然而，当机会真正降临到你身边时，你如何去发现呢？你又如何来判断它是不是真正的机会呢？依靠的就是你敏锐的嗅觉。一个人如果缺少对机遇的敏锐度，那么，机会就会瞬间消失，与其失之交臂。相反，如果你拥有敏锐发现机遇的嗅觉，你就能从现在的事态发展中预测出未来的巨大商机，你的财运也因此比别人来得早。总之，拥有了敏锐的嗅觉，我们创业的步伐就会加快，我们离成功的彼岸就会更近。

曾经有一个年轻人，在工作中十分不顺利，在公司中，他经常遭到上级领导的辱骂，以及同事的嘲讽。长此以往，导致他的情绪十分低落、压抑，后来，竟然得了忧郁症，为此，他不得不停止工作，去

第三章　机会

看心理医生。

医生说:"如果你觉得自己长期被怒火包围,想要发泄,这并不难,我们这里有一项特殊的服务,叫作'报复者'游戏,你只需要20美元就可以获得一次发泄的机会。"

年轻人说:"什么特殊项目,如此价格便宜?"

医生说:"你可以随便打我,直到你认为满意了为止。"

年轻人听后感到既有趣又奇怪,但这却激发了他的某种灵感。他想原来通过打人来发泄内心愤懑的情感是一种赚钱渠道,那么,如果将人变成玩具,岂不也是一种发泄内心愤懑的渠道呢?这样就可以使那些在现实生活中长期承受压力而又难以找到发泄渠道的人得到满足。

于是,年轻人与他的朋友一起研究出了一种"报复者"玩具,玩具一上市,果然受到不少人的青睐,销路出奇地好。后来,他们又开设了一家专门供人们泄愤的"发泄中心",里面摆放着各种各样的供人击打、翻滚、怒吼的发泄对象,生意十分兴隆。

伯利说:"每天都会有一个机会,每天都会有一个对某个人有用的机会,每天都会有一个前所未有的也绝不再来的机会。而我们要做的,就是发现它、抓住它。"

一次不经意的看病机会,却让年轻人产生了瞬间的灵感,拨动了他敏锐的嗅觉,让自己的人生发生了转折。由此来说,机遇并不是"可遇而不可求",其实机遇就在人的身边,它也许就在一个场景中,也许就在你的一句话中,也许就在你的一举手一投足之间,它取决于人的悟性和灵敏度。

当然,有些人天生就有一种敏锐的嗅觉,有一种观察的兴趣和能力,他们总是习惯性地把观察当作一种随心所欲的事情来看待,而不是把它当作一种工作。但是,天下多数人都是天生不敏感的人,然而,

不要灰心，因为只要你有心做一个具有敏锐嗅觉的人，只要你在后天的实践活动中不断培养，也是一样可以形成这种敏感度的。

敏锐的嗅觉对于一个急切盼望成功的人来说尤其重要。很多人抱怨没有机会，其实这只是弱者逃避现实的一种借口，在现在瞬息万变的社会中，商业机遇无处不在，关键是看你能否善于把握住。

机遇的出现既出人预料，又在情理之中，在与机遇不期而遇时，如何抓住机遇，并没有固定的模式和准则可循，但过人的洞察力和判断力无疑是非常重要的。

而有的人却因为缺少过人的洞察力和判断力，结果由于一时的疏忽，而错过了很好的时机，一生庸庸碌碌。而有的人因为具备过人的洞察力和判断力，恰当地抓住了一次机遇，结果一跃而上，走上了成功之旅。这就是对机遇的嗅觉是否敏锐。

【醒世箴言】

机不可失，时不再来。机遇不会偏爱任何一个人，对那些随遇而安的人来说，机遇的出现如同白驹过隙，而对于那些有抱负想成大事的人来说，机遇的出现就在可以改变人的一生。

创造机会，创造好运

萧伯纳说："在这个世界上取得成就的人，都努力去寻找他们想要的机会，如果找不到机会，他们便自己创造机会。"所以，不要等

第三章　机会

待机会，而要创造机会。

成功是人人都渴望的，一个人的成功离不开机会的因素，有的人因为抓住机遇而"柳暗花明又一村"，也有的人因为与机遇擦肩而过，还在"山重水复疑无路"，但每个成功之人都有一个共同的特点，那就是善于主动创造有利的条件，让机会较快地降临到自己的身上。

所以说，卓越的成功，永远属于那些富有奋斗精神的人们，绝好的机会，永远属于那些善于自己创造机会的人。

有一个20多岁的小伙子，独自一人来到广州闯荡。在报纸上，他看到一家企业内刊招聘记者，于是，当即携作品赶了过去。

然而，当他来到这个公司才发现，公司仅招一人，但前来应聘的却有100多人。他走了一圈之后，发现前来应聘的人居然有多数人在学历、资历、年龄、口才等诸方面都胜过自己。他心想，在这种情况之下，如果想要应聘成功，就需要给自己创造机会。

由于面试的人太多，等了好久都没有轮到他，看着应聘者一个接一个面色沉重地走出考场，他预感到形势对自己越来越不利。见此情景，其他的一些前来应聘的人都在窃窃私语说："来的都是有经验的人，小小内刊还拿不下来？一个面试还搞这么复杂！""肯定要当面出题让应聘者动笔，不怕它，都带了作品集来，还说明不了问题！"

听到这里，青年心里一动，于是，他马上赶往楼下的打印店，以"求贤若渴"为题写下一篇现场短消息。回到会客室时，正好轮到他出场了。在面试中，他当即递上刚打印完的那篇短消息。

毫无疑问，这位青年成了应聘人员中百里挑一的幸运儿。老总说："其实正确的方法大家都注意到了，但心动不如行动，只有他把大家都注意到的东西都做在了前面。"

蜘蛛为了捕获猎物，总善于先织好网，等待猎物到来。这是把成

79

功的命运掌握在自己的手上。这就是"蜘蛛精神"。

现实生活中，很多人总是抱怨自己没有机会，但是他们却忽视了一点，如果不去积极主动地创造机会，机会是不会主动向你招手的。也有一些人，因为自己失败了，所以，当他们看到别人取得成功的时候，往往总是将别人的成功归结成"运气"，而自己的失败往往是因为运气太坏。在这种思想的诱导下，他们消极懈怠，怨天尤人，甚至自暴自弃。而他们却没有认识到，机会不肯降临到他们身上，大都是因为他们的自身因素所造成的。其实，每个人在一生中成功的机会都有很多，然而，有些人最终之所以没有取得成功，是因为他们缺少创造机会、把握机会的意识。

所以说，一个优秀的人是不会坐等机会到来的，而是喜欢主动创造机会。懒惰的人总是抱怨自己没有机会，抱怨自己没有时间；而勤劳的人，则孜孜不倦地工作着、努力着。有头脑的人能够从琐碎的小事中寻找到机会，而粗心的人却轻易地让机会从眼前飞走了。不要做一个守株待兔的蠢人，要积极行动起来。因为机会只忠于努力创造机会的人，好的机会就像高挂在树上的果子，它不会自动掉落到我们的怀里，只有大胆地争取，努力地创造，才有可能品尝到成功的喜悦。

那么，如何抓住机遇呢？

机遇有三项要素，即资源、利益和条件的配合。

第一，"资源"要素。

资源要素包括个人的知识、技能、智慧、财富等诸多方面，如果你能将这些资源加以利用，那么，创造机会对你来说并不困难。

第二，"利益"因素。

利益因素是机会的主要内容，也是创造机会的主要目标。一种条件如果不能为人们带来利益，那就不是机会。

第三，"条件的配合"因素。

"条件的配合"因素是指客观环境和创造机遇者的主观条件互相配合。首先是客观因素的变化，创造有利的投资环境。其次是指创造机遇，具备足够的条件去利用这个有利的环境。最后是指主、客观因素刚好配合。

机会稍纵即逝，犹如白驹过隙，当机会来临，善于发现并立即抓住它，要比貌似谨慎的犹豫好得多，犹豫的结果只能错过机遇，果断出击是改变命运的最好办法。所以，那些成大事者不仅因为他们是捕捉机遇，而是因为他们更是创造机遇的高手。

【醒世箴言】

没有人会主动给你送来机遇，机遇也不会主动来到你的身边，只有你自己去主动争取。成功者的习惯之一是：有机会，抓机会；没有机会，创造机会。

审时度势，走向成功

在各种人生成功的感悟中，有这样一句广为流传的话经常挂在人们的口头，这就是：时势造英雄。观察很多成功人士的成功足迹，我们也会发现，确实有很多原本很平庸的人之所以能够成功就是因为在他们的人生之旅中，他们在很关键的时候，能够审时度势，抓住了一次或者两次人生的重要机遇，用天赐的良机为自己营造了人生成功的大势，从而步入了成功者的行列，成为受人尊敬、被人羡慕的人。

美国南北战争之后，北方的工业资产阶级战胜了南方种植园主，但林肯遇刺身亡，美国当时沉浸在欢乐与悲痛之中。既为统一美国的胜利而欢欣鼓舞，又因失去了一位好总统而陷入无限的悲痛。

欢乐也罢悲痛也罢，对于后来的美国钢铁巨头卡内基来说，机会降临了。卡内基通过对时势的分析预料到，随着战争的结束，经济复苏是一种必然，经济建设尤其是基础设施的建设对于钢铁的需求几乎是无限度的。于是，他毅然辞去了铁路部门报酬优厚的工作，合并了由他主持的两大钢铁公司，创立了联合制铁公司。同时，他让自己的弟弟汤姆创立了匹兹堡火车头制造公司且经营苏必略铁矿。

上帝给了美国人一次绝好的机会，卡内基将它紧紧地抓住了。他成功了！

卡内基的成功在于他抓住了机会。他的事迹对每个人来说都有着不同的意义，他告诉我们，当你在明确目标之后，你就会对机遇抱有高度的警觉性，并督促你抓住机会。所以，每一位渴望成功的人，对在你身边的机遇千万不要错过，一定要抓住，只有这样你的未来才是美好的。

机会往往会在某个特定时间出现，能否根据市场变化，适时捕捉，就成为事业能否成功的关键。所以说，卡内基的成功并不是因为他有什么绝招，他只不过在人生最为紧要的几个命运关口能够审时度势，紧紧地扼住机会的脖子，利用一些天赐的以及人为的良机，为自己营造出了很好的商势，从而打开了自己的财富之路，取得了人生辉煌的成就。

其实，在通往财富的道路上，像卡内基这样能够遇到的机会，处处都是。但是，不幸的是，我们现实生活中总有些人认为人的命运是

第三章 机会

由天注定的。当自己身处逆境的时候，总在坐等幸运之神的降临，岂不知，当你希望幸运之神从前门进来的时候，却往往忽略了幸运之神也可能从后窗进来。创造财富并不一定只有天才才能办到，创造财富只在于能够审时度势，找出那些天赐的良机或者自己去创造机遇，用这些机会去为自己造势就能够取得成功。

造势的机会就在我们的日常生活中，许许多多的人悲叹自己怀才不遇，这可能是真的。一个人生存在世界上，希望每当自己的才能有一点增进时，社会就理所应当地予以承认。这在理论上来说，其要求也是合理的，但是，在现实生活中，要真正做到这一点，却是很难很难的。因为这需要一个过程，一个你显露自己的才华和社会的理解相互适应的过程。而这一过程的长短，就在于你对于机会的把握，你才华的功力和才华显露的形式是否适当，时机是否恰到好处。

人生如流水，有的人始终在一个地方打转转，有的则能乘着激流奔驰。你乘着的这股流水，也许就在岸边悠哉悠哉地打转转，好几年过去才移动了那么一点点，甚至完全静止不动。如果你是随波逐流的落叶，只有听天由命的份儿，只能"无可奈何花落去"。落叶的命运，完全取决于流水。人生如流水，而人却不是落叶，因为你自己可以决定自己的前途。如果你不想在一个转弯处长久地停滞不前，你就可以勇敢地向流水的中央游去，乘着激流，去寻找大的新机会。当然，你也可以完全放弃个人的努力，一切任由流水和风向的安排。

机会对任何人都是均等的，有了机会，有了造势的条件，但是还需要你有发现机会的慧眼，还需要你能够把机会转化为商势。在现代社会，一个人只要你能抓住一两次机会，并能把机会转化为商势，那么，哪怕你只是抓住一个很小很小的机会，你也许就会因此走向成功。

83

【醒世箴言】

一个人要想依靠机遇获得赚钱道路上的成功，就要学会充分利用各种有利条件，为自己创造机遇，从而帮助自己取得成功。

准备孕育机会

一个人的成功离不开机遇，但机遇也不是多么难寻，只要你用心去捕捉，你会发现，它离你其实并不远。

有人说成功有天分、勤奋和机遇三大要素。所以，一个人要想取得成功，机遇是不容忽视的。在现实生活中，虽然一些人在才华和勤奋方面都有过人的地方，但却总是难以成功，原因是什么呢？主要就是因为缺少对机遇的认识，同样的道理，现实生活中，一些人之所以能够取得成功，正是源于他们对机遇有着高度的认识。

机遇在我们的生活中是一种客观存在的现象，它并不像人们脑海中所想象的那样神奇，它其实就在我们的身边，但如果你能够将其很好利用，就需要具备高度的洞察力，因为，机遇只垂青于有准备的头脑。

路易斯·休特是美国主要建设公司的 Merit Chagman 和 Scoet 的年轻副总经理，年仅30多岁就取得了很大的成功。

路易斯·休特喜欢让别人看到自己的闪光点，不甘心被他人忽视，所以在学校里他选择了法学系，他认为学习法律可以让自己的才

第三章　机会

华在众人面前得到展示，从而可以使自己找到发展的空间。

毕业后，他在一家律师事务所找到了工作，工作后的他积极参加各种社会活动，使自己的才华在众人面前展露出来，果然，很快他就得到了很多社会团体的认可，24岁他就被提升为塔卡哈希市的法律顾问。三年后，他又被任命为佛罗里达州饮料局长。这时他成了更多人瞩目的对象，但是他没有感到满足，而是依然在不断寻求更大的发展空间，终于他结识了路易斯·M.沃弗逊。

路易斯·M.沃弗逊是一位美国年轻实业家之一，很快两个有着雄心抱负的人成为了好朋友。

一天，休特对沃弗逊说："有一天我会成为你们这些实业家当中的一分子。"令人惊奇的是，这一天来得如此迅速，在休特30岁那年，就成为了Merit Chagman和Scoet的年轻副总经理。休特通过自己不断的才华积累，不断地在众人面前为自己创造机遇，从而获得了这个让很多人翘首企盼的机会。如今休特已经成为沃弗逊的左膀右臂，管理着世界的龙头企业。

每个人都希望能够拥有一次改变自己人生的机遇。可是他们所不知道的是，在他们渴望的过程中，机遇已经悄悄地溜走了很多次。这些溜走的机遇中，有的可能就是能够改变你一生的机遇。当然，可能有些人会想，一个机遇走了还有其他的机遇过来，但是如果你总是秉承着这样的想法，那么，你就会错失越来越多的机遇。所以，当你因为无法实现理想而怨天尤人的时候，你还是先怨你自己吧！因此，当机遇主动光顾你的时候，一定要把握住，不要给自己留下遗憾，只有将每一次机遇都抓住，才会万无一失，而这也正是成功者与平庸者的衡量线。

路易斯·休特的成功是在机会来临之前不断地严格要求自己，不

断地充实自己，不断地努力奋斗得来的结果，因此他在机会来临时才能更好地抓住机遇。

很多成功者都是创造机会的高手，在他们没有靠近机会时，他们总是会不断地努力奋斗，并适时寻找机会，而如果他们的实力积累到一定阶段后，机会便会主动出击。所以说没有个人的主观努力，又怎么会有机会的眷顾呢？所谓一分耕耘，一分收获就是这个道理，从这个意义上来说，机会会偏爱有准备的人。

静下心来，不妨仔细地想一想，机遇如果总是被那些不劳而获的人轻而易举地得到，那它还有什么价值可言呢？正因为它有着这种珍贵的特性，所以想要得到它，就要付出多倍的努力，让自己的资本足以胜任它的要求。当然也有很多人轻轻松松地获得了机遇，但是这种没有通过自身努力而获得的机遇，终究会让这种人难以驾驭，每天昏昏沉沉，也很难开拓发展的空间，就像古代的世袭制，这种制度在一定程度上使很多官僚子弟头脑意识里产生了依赖感、满足感，头脑里缺少了奋斗的意识，每天养尊处优在自己的世界里，那么这种人的一生除了世袭官位之外，也很难有更大的发展。

所以说，机遇不是等来的，它只会青睐那些有准备的人，缺乏准备的人，即使是面对着机遇也往往浑然不觉。因此，作为心怀成功之梦的人，千万不要坐等机遇的来临，你要主动去寻求它。因为，机遇是不可捉摸的，如果你不去努力地寻求它，也许永远都找不见它。由此来说，机遇有时候虽然会降临到某个人身上，但却并不是没有缘由的，它总是降临在有准备的人身上。

总之，愚者错失机会，智者善抓机会，成功者创造机会。机会只偏爱有准备之人，如果没有心理准备，即使再好的机遇也会溜掉。而机遇一旦失去，便难以找回。所以，一定要为机遇的降临做好准备，这样，你才能拥有成功的可能。

【醒世箴言】

机会是成功之门，机会的降临也是稍纵即逝的。一个成大事的人，遇到机会，必定是一个善于看得准、敢于抓得快的人。

风险与机遇并存

常言道："最大的风险是不敢冒险，最大的错误是不敢犯错。"很多人之所以不敢冒险，也不敢犯错，是因为他们只将事情局限在了自己所能看到的狭小的眼界内，而难以看到自己眼界之外的事情，令他们不敢轻举妄动。

世界上最有价值、最有用处的人，就是那些在机遇面前敢于冒险的人。如果从我们的生命中失去了对机遇的冒险能力，那么，成功之门怎么会为你而敞开大门呢？相反，那么，成功之门就会为你而打开。

石油大亨哈默就是这种敢于搏击风险的人。

人人都知道，往往能赚大钱的生意，生意竞争也是十分激烈的，石油就是这样一种难做的生意。可是20世纪50年代，已经50多岁的哈默面对严酷的风险却购买了西方石油公司做起了石油生意，这对任何人而言都是一次冒险的行为。

买下了这个公司，而油源问题却一直很难解决，当时美国几家大公司已基本将油源垄断，哈默很难介入。为了勘探油源问题，哈默已

经花费了1000多万美元，但依然毫无结果。

面对难以解决的油源问题，哈默心里十分苦恼，但是他依然没有退却，而是听取了一位青年地质学家的建议，对旧金山以东的废弃地区进行开采，挖掘石油，又开始了他的第二次冒险行动。

但是哈默的决定遭到了公司多数人的反对，一方面他们认为这个地质学家太年轻，对石油勘探经验有限，另一方面，他们不想冒这次险，因为如果在这个地方没有勘探到石油，那么，另行投资的大量资产也将会化为乌有，公司也将面临巨大的压力。但哈默没有听取其他人的建议，他相信自己一定会成功，于是他又集资1000万美元，在这个地区勘探石油。

紧接着，紧张的钻油的工作开始了，但是一直钻到700英尺深时，却仍然没有发现石油，这种状况对大家的打击很大。然而哈默依然相信自己的判断，没有退缩，终于在钻到800英尺深时，发现了石油，这也就是加利福尼亚的第二个大天然气田，哈默的这次冒险总算获得收获，好事一连串，仅仅几个月时间，他又在附近钻出了一个气田，终于哈默打破了其他石油公司对油源的垄断，走出了困境，西方石油就此与其他石油公司共同站在了石油的领奖台上。

哈默的成功在于他的可贵的冒险精神和坚持到底的信念。假如在激烈的竞争中，他没有胆识买下西方石油公司；假如高额投资毫无结果后，他放弃自己的冒险，那么也就不会有今日大名鼎鼎的哈默。

成功意味着冲破平庸，而其中的一条捷径便是——敢于冒险。

敢于冒险，是强者的重要性格，也是成功者的基本特征。开创性的工作总是充满着风险，只有敢于冒险的人，才能在风险面前毫不畏惧；敢于开拓道路，敢于追求平常人不敢追求的目标，也才有可能取得常人所永远无法取得的成就。勇于冒险求胜，你就能比你想象的做得更多更好。在勇于冒险的过程中，你就能使自己的平淡生活变成激动人心的探险经历，这种经历会不断地向你提出挑战，不断地奖赏你，也会不断地使你恢复活力。

在风险面前胆怯的人，不敢去做前人未曾做过的事，不敢去攀登前人未曾攀登过的高峰，当然也不会体验到冒险的刺激与成功的喜悦，结果只能是永远也不会有所作为，甚至被时代所抛弃。

大部分人停留在所谓的"安全圈"内，无意于任何形式的冒险，惧怕失败，求稳怕乱，平平稳稳地过一辈子，虽然可靠，虽然平静，虽然可以保住一个"比上不足比下有余"的人生，但那真正是一个悲哀而无聊的人生，一个懦夫的人生。其最为痛惜之处在于，自己葬送了自己的潜能。本来可以摘取成功之果，分享成功的最大喜悦，可是却甘愿把它放弃了。与其造成这样的悔恨和遗憾，不如勇敢地闯荡和探索；与其平庸地过一生，不如做一个敢于冒险的英雄。

与风险不沾边的人，想成就一番大事业是不可能的。不善于冒险的人也与成功没有机缘。正如一位哲人所说"风险与机遇并存"，如果一件事没有风险，那么自然很多的人都去做了，所以这件事肯定也没有什么价值。成大事者知道，风险越大成功的价值也就越高。

【醒世箴言】

失败与机遇并存，风险与魅力同在，无限风光在险峰。没有风险，就不会有波澜壮阔的人生，就不会有绚丽壮美的人生风景。

细节隐藏机会

财富无处不在,不要一味地想着那些高不可攀的赚钱策略,只要你处处细心观察,其实在你的身边就存在很多的商机,它们同样可以使你成为财富的操纵者。

捕捉机遇一定要处处留心,独具慧眼。只要你常常留心身边的每一件小事,每一件小事当中都可能蕴藏着巨大的商机。有雄心想赚大钱的人绝不会放过身边的每一件小事。他们对一切事情都极其敏感,能够从许多平凡的生活事件中发现更多成功的机遇。

李万成的父亲是一个从事钟表行业的商人,他从小就穿梭在钟表行业中,与钟表结下了很深的渊源。然而在他十一二岁时,父亲经营失败,家里一度陷入困境,他只好每天放学后去帮忙做些力所能及的事情。

在李万成中学毕业后,他凭借自己在店铺做事的经验,转而用自己的积蓄开了一家名为"李氏表行"的店铺。

初当老板的他为了把这个事业做好,十分勤奋努力地工作。当时,由于日本经济发展迅速,日本旅游团也十分兴旺,随之加快了商品的销售,李万成看到了这个商机,全力发展日本旅行团的业务。

通过与日本顾客的交流,李万成发现,很多日本顾客在购买钟表时,总是打听一些香港珠宝的行情,于是,李万成又从中发现了商机,在自己的店铺里又展出各种珍贵的小商品,这个做法受到了日本顾客的欢迎，日本顾客更加多了起来。渐渐地，他的生意越做越大，取得了"劳力士"和"欧米茄"名表以及欧洲一些著名饰物的香港专卖权，经营进出口业务，获得了丰厚的利润。

到20世纪70年代，李万成已成功地把"李氏表行"发展成为"李氏集团"进而在香港商界站稳了脚跟。之后，他又把李氏集团旗下的几个表行合并，与其他公司组合建立了大型综合实业集团，日渐向他的亚洲顶级富商征程前进。

李万成由于善于从身边微不足道的小事中发现商机、发现机遇，并使之转化成了自己的事业，事业越做越大。很多人总是对身边的一些蝇头小利不屑一顾，认为这不会有大成就，其实对于一个拾荒者来讲，哪怕只收一个品种，如橡胶、塑料、金属等，一年下来的纯利也是很丰厚的，所以要懂得从身边细微处寻找商机。

只有注重身边的细微之处，做得好上加好，才能在激烈的市场竞争中拥有竞争力，才能生存和发展。所以，某些刚刚起步的人不要总是想着那些空洞的、笼统的、听起来好听，但实际却毫无意义的东西，把精力倾注于"身边细微"的事情上。以认真的态度做好每一件事，这样才能赢得竞争的优势。

"细微之处"是一种巨大的商机，你可以追求它，但你却不能苛求它，你还必须时刻关注它，因为它总是存在于一个不为人注意的角落里。上帝给每个人的机会都是公平的，看似不经意的细微之处也许就蕴藏着巨大的商机。

史亮在刚刚来北京时，为了解决眼前的生活困难，不得不去捡垃圾，但他在这种其他人都嫌脏嫌累的工作中他发现了商机。

通过一段时间的捡垃圾，史亮突然想到了这样一个问题：花钱收集起来的这么多的垃圾到底有什么用呢？后来经过打听，他知道

了原来这些垃圾都被运送到了周边河北省的一些城市，此时，史亮想到如果能与这些厂家直接联系，省去了中间的二道贩子环节，岂不是更好？

有想法就立刻去行动，于是史亮开始通过各种渠道与这些厂家联系，最终与这些厂家达成了良好的协议。建立了自己的废品回收站后，他收购的垃圾范围也相对有了很大的扩展，无论废纸，还是塑胶器皿等，他几乎都收，然后再分类整理，送到河北，通过这种渠道，他由原来的每月几百元收入增加到几千元。

慢慢地，史亮发现原来垃圾也是一笔宝藏，垃圾经过处理后也能获得丰厚的财富。一天，他发现废品收购站中有很多被当作废铁卖的旧自行车、旧轮胎，于是史亮想到了如果把这些旧自行车、旧轮胎进行翻新，这不也是一个赚钱的机遇吗？就这样，他又做起了翻新旧自行车、轮胎的业务，果然，如他所料，做这个业务收益颇丰，后来他又在湖南长沙租了10多间房子，对废品进行二次加工，继而在市场上出售，生意十分兴旺。

可见，你的身边就有很多赚钱的机会，关键看你是否能够找到合适的渠道和方法，敏锐地发现机遇。要知道每一个成功的赚钱者并不是天生的才华出众，技压群芳，而是他们善于抓住每一次机遇去挖掘、开拓。

成大事的人之所以能够取得成功，完全是因为他们能时时留意身边之事，这样当机会来临时，他们就会迅速做出反应，从而牢牢把机遇抓在自己手中。

机会无所不在，要随时撒下鱼钩，鱼儿常在你意想不到的地方游动。如果你想成就不平凡的事业，找到赚钱的机遇，就必须明白你自己需要什么，做个有心人，不要坐等机遇，要用"心计"去抓住平凡的机遇，使之不平凡。

【醒世箴言】

老子说过，天下大事必作于细，天下难事必作于易。很多人并不缺勤劳不缺智慧，最缺的是做细节的精神。只有把握好细节，才能在细节中发现机会。

看准时机再出手

《孙子兵法》中说："久则钝兵挫锐，攻城则力屈，久暴师则国用不足。夫钝兵挫税，屈力殚货，则诸侯乘其弊而起，虽有智者，不能善其后矣。"现今许多人理解这是兵贵神速的意思。但细细品来，却并不是这么一回事，孙武只提出打仗就是要胜，但并没有要我们来比谁跑得快，而是要我们快要快得恰到好处，以此取得胜利，这才是最终目的。因为"兵者，国之大事，死生之地，存亡之道，不可不察也"。所以，打仗就要赢，这是军人的使命。

快要快得恰到好处就是要我们不能太快，人们不是常说，心急吃不了热豆腐吗？说的就是这个道理。若你不察就冒进，那么就会烫到嘴。当然为了不烫着嘴，等放凉了再吃，那时候，就很有可能被别人吃完后连残渣都处理干净了。所以我们在做任何事的时候，都要掌握时机。

有位记者曾在对老演员查尔斯·科伯恩的访问中提出了这样一个

问题。他问:"一个人如果想要在生活中能拼能赢,需要的是什么?大脑,精力,还是教育?"

听后查尔斯·科伯恩摇了摇头,笑着说:"这些东西都可以帮助你成大事。但是我觉得有一件事甚至更为重要,那就是:看准时机。"

接着他又说道:"这个时机,就是行动——或者是按兵不动,说话——或是缄默不语的时机。在舞台上,每个演员都知道,把握时间是最重要的因素。我们在生活中它也是个关键。如果你掌握了审时度势的艺术,在你的婚姻、你的工作以及你与他人的关系上,就不必去追求幸福和成功,它们会自动找上门来的!"

查尔斯·科伯恩是正确的。如果我们能在时机来临时识别它,在时机溜走之前就采取行动,一切问题就会迎刃而解。那些反复遭遇挫折的人经常对"毫不留情的、不公平"的世界感到泄气。但他们所没有意识到的是,他们一而再、再而三地进行了恰当的努力,但却在不恰当的时机放弃了。或者是在恰当的时机做着不恰当的努力。所以,要想成就一番大事,学会识别并把握好时机是相当重要的。在最佳的时机出击,一击必中!

那么怎样才能掌握时机呢?

第一,不断提醒自己,把握潮头。莎士比亚说:"人间万事都有一个涨潮时刻,如果把握住潮头,就会领你走向好运。"是的,当我们明确了自己的目标,并把握好涨潮时期,那么我们就会在别人还未明白过来之时就已轻松地达到了自己的目标。

第二,控制好自己的情绪,不要感情用事。很多时候,我们做事依靠的往往是感觉,但感觉有时是很不可靠的,所以做任何事情前我们都要策划周全,当一切迹象都对事物的发展有利时,就依计行事,该做什么就做什么,该怎样做就怎样做。

第三，提高观察能力。敏锐的眼光是成大事的一项秘密武器，能够洞悉事物发展的势态，就能把握最佳时机。

第四，懂得忍耐。忍耐是智慧与自制力的结合体，很多人都想通过捷径让事情快速地出现所要的效果，但是欲速则不达，当你一心求快时，也在埋下失败的种子。老话常说的慢工出细活就是这个道理，凡事都有其恰当的时机，这就要我们懂得忍耐。

第五，学会做一个旁观者。所谓旁观者清，我们每时每刻都是与所有的人共享的，每个人都会从不同的角度去看待周围发生的事情，于是，真正地把握时机就包括以一个旁观者的角度去了解问题的实质。

其实，任何机遇都存在一定的风险。对于优秀的人来说，对各种机遇要进行周密的调查和分析，不武断、不轻信，要相信自己的调查和判断；再者，一旦认准了成事的机会，就要迅速、果断地出击，绝不能优柔寡断，坐失良机。现实生活中，一些做事情受挫或者是失败的人，老是不明白"为什么别人做同样的事情能成，我怎么就不行？"其实，一个重要的原因，就是他或她没有把握好时机。所以，我们在做事的时候，就要找到恰当的时机，然后再出手。

【醒世箴言】

西方有句谚语："幸运之神不会眷顾你两次。"没有人能够一而再地遇到好机会，一旦得到，就要好好把握，千万不可任由它轻易溜走，真正的良机确实很少重现。

信息争得先机

有句话说:"谋事在人,成事亦在人。"的确,有知才有谋,有知才能谋,有谋才能成功。因此,一个人不要总是去问鬼神所做之事能否成功,而是要从知情者那里获得信息,根据信息,做出能成功的决策。

在商品经济和科学技术高度发展、竞争日趋激烈、市场行情瞬息万变的现代社会里,信息的巨大作用越来越明显,越来越被人们所重视。信息已成为我们今天的中心话题,每个人都离不开信息,每个人也必须了解信息及其变化。因此,加强信息理论的学习,提高对信息收集和处理的能力,无疑是你人生成功的一种重要因素。

某年底,广州气象台预测翌年春节之后,当地将出现一段持续的低温阴雨天气。就在此时,南方大厦的业务部经理,从广州外事部门获悉,在此期间将有几个大型外国代表团来羊城游览。

两则消息似乎毫不相干。但南方大厦的销售人员头脑灵敏,思维反应快,把两则消息联系起来分析,从中发现有一笔有利可图的生意——卖雨具。

当他们从本市组织货源时又发现,由于这次阴雨天气属反常现象,市场的雨具销售这时还是淡季,当地批发部门备货还不齐备。于是他们就跟踪追击信息,专门走访外事部门,详细了解来团成员的不同国家和地区的消费心理和习惯,有针对性地从外地及时组织了一批

第三章　机会

式样新颖的雨具。当宾客来到时阴雨连绵,他们热情地送货上门,数万把雨伞很快销售一空,受到旅客的好评。获得经济效益、社会效益双丰收。

在日常生活中,我们也经常能听到某个企业,因为捕捉到了一条有益的信息而大获成功,但要注意的一点是,信息要靠我们自己去发现,去寻找。

香港光大实业公司董事长,凭着他善于捕捉信息的双眼和才智成功地利用了一条信息,为企业赚回了 2500 万美元,在企业界传为佳话。

一天,他在资料上获得一条模糊的信息:"有一批二手汽车出售",而有关车的型号、数量、价格、产地都未说清。为了进一步证实这条信息的真伪,他马上派人对此信息进行证实,最后得知原委:南美智利一家大型铜矿倒闭,为了偿还债务,矿主决定把新订购的"道奇""奔驰"等大吨位载重车、翻斗车 1500 辆拍卖。光大公司董事长敏感地认识到这条信息的价值,当即派出采购小分队经过反复商谈,从铜矿以车价 38% 的价格买得这批车,为公司一下赚了 2500 万美元。

在如今的经济社会里,每一条信息都隐藏着商机,但是只有在商机隐而未发时加以捕捉,才能取得最大的效益。一旦商机完全显露出来,竞争者蜂拥而上,这时再来跟风,已经只有残羹剩汁可喝了。

一个成大事的人,尤其是商界的成大事者,他们的成功,常常就是因为他们巧用信息,善于发现先机,抓住先机。抓住了先机,就能更好地把握局势,有了对局势的把握,才会做出正确的决策。正确的

决策，是成功的条件。

【醒世箴言】

信息是一种商业资源，如果能加以正确运用，把握好这些信息，将会给自己的生意带来勃勃生机和蓬勃发展的机会，而这也正是一种生财之道。

第四章　合作

红顶商人胡雪岩曾说过："一个人的力量到底是有限的，就算有三头六臂，又办得了多少事？要成大事，全靠和衷共济，说起来我一无所有，有的只是朋友。"诚然，不论你现在身处哪一个位置，想要成功，想要获得成就，想要三年后的自己，能获得成功，你就要从现在开始，学会与人合作，把人、把事做漂亮。

善借力者，方为智者

古希腊哲学家、数学家阿基米德说过："给我一个支点，我能将地球撬动。"而阿基米德所说的这个支点，也就是我们通常所说的"借力"。

说到这里，也许很多人要问："我们为什么要借力，难道我们凭借自己的力量不能实现理想吗？"当然，凭借自己的力量行事，我们不能断然下结论说："你不能成功。"但是在当今这样一个充满变化的时代，我们每一个个体的力量都是单薄的，纵然人的梦想希望无限，但由于个人的能力有限，个人拥有的资源有限，它们都会像拦路虎一样将你阻隔在成功的门外。面对自身有限的资源，只有善于借力之人的能力才会更强，只有善于借力之人的事业才会发展更快，只有善于借力之人所得到的财富才会更多。总之一句话，只有想借力，会借力，借好力，多借力的人才是智慧、聪明的人，而他的人生也会因为善于借力而更有价值。

古代思想家荀子在《劝学篇》中有这样几句警句："登高而招，臂非加长也，而见者远；顺风而呼，声非加疾也，而闻者彰。假舆马者，非利足也，而致千里；假舟楫者，非能水也，而绝江河。君子生非异也，善假于物也。"最后一句点出了借助外力，借助客观条件的重要性。正所谓"好花须有绿叶扶"，"好汉须有朋友帮"，懂得借力的人才能称得上是智慧之人。

由此来说，一个"借"字，真是奥妙无穷，但它仅属于智者，而不属于愚者。智者和愚者的区别往往就体现在人生的几个关键点上，"借"为其一。

每个人都渴望成功，但出身贫寒、运气不佳、资源短缺……这都不是你的错。如果你能领悟"借力"的思想，学习"借力"的方法，掌握"借力"的技巧，从此你便开始走向成功！

【醒世箴言】

在我们谋生的道路上，自己的力量总是薄弱的，因此，我们要学会善"借"，这是一条简单的成功方法。

与优秀的人做朋友

中国有句古话叫作："近朱者赤，近墨者黑。"社会是一个不折不扣的大染缸，和什么样的人接触，你身上就会染上什么样习气。和粗俗下流的人接触，你慢慢就会变成满口脏话的粗人；和品德高尚的人在一起，慢慢就会变得情操高尚；和乐观的人常接触，你就不会变得悲天悯人；和爱干净的人在一起，你就不会污秽不堪；和律师在一起，你就不会触犯法律；和学生在一起，你就会有学习的冲劲；和优秀的人接触，你就会变得越来越优秀。

曾国藩曾经说过："一生之成败，皆关乎朋友之贤否，不可不慎也。"由此可见，交什么样的朋友，做什么样的事。人很容易受到身

边朋友的影响，选对了朋友对你的事业和生活都有所帮助。

东汉时期天文学家张衡，观测并记录了 2500 颗恒星，并且创造了世界上第一架表演天相的浑天仪，第一架能够预测地震的仪器——地动仪，还制造了指南车、能够飞行的木鸟，为我国的天文事业做出了重要贡献。

张衡能够有如此的成就，是因为张衡有着一批优秀的朋友。年轻时期的张衡可谓是才华横溢，与马融、窦章、王符、崔玻等人非常要好。对天文、数学、历法都很有研究，张衡与崔玻经常在一起讨论相关的问题，这些探讨给了张衡很大的帮助，用现在的话讲，张衡在天文上的成就有一半要归功于崔玻。

白居易晚年仕途不顺，在洛阳当了一个可有可无的闲官，在无所事事的日子中，给朋友刘禹锡写了一首诗，诗中写满了自己的失落与无奈。刘禹锡是一个非常乐观的人，当看到白居易的诗后，感觉到了朋友的失落与无奈，便回赠了一首诗，以表示对朋友的鼓励，刘禹锡的积极乐观感染了失落的白居易，从此振奋起来，创作了大量的优秀诗篇。在刘禹锡去世后，白居易作词哀悼："杯酒英雄君与操，文章微婉我知丘。贤豪虽殁精灵在，应共微之地下游。"从这首诗中可以看出，刘禹锡对白居易的影响有多深远。

古往今来，无数的例子都可以证明，朋友对一个人的影响是多么的巨大。一个优秀的人身边必然会有优秀的朋友存在，一个想要成为优秀的人，必然要去结交优秀的朋友。当今社会，人与人的交流方式趋于多样化，一句话就可能成为朋友；一杯酒或许能够成为知己；一顿架打下来，可能成为生死与共的兄弟。但是，需要我们格外注意的是，一定要和优秀的人交朋友，不能结交"狐朋狗友""酒肉朋友"，要结交一些有上进心的人做朋友，结交那些比自己强的人做朋友。

中国古人曾说："与善人居，如入芝兰之室，久而不闻其香，即与之化矣。与恶人居，如入鲍鱼之肆，久而不闻其臭，亦与之化矣。丹之所藏者赤；漆之所藏者黑。是以君子必慎其所处者焉。"这段话的意思就是要告诫我们，经常与品德高尚的人交往，就像沐浴在充满香气的屋子里一样，时间久了也就闻不到香味了，但自身也充斥着这种香味；与品德低劣的人交往，就好像进入到了一家卖鲍鱼的地方，时间一长，也闻不到臭味了，其本身也变得恶臭了。藏丹之处时日一长就会变红，藏漆之处时日一长就会变黑，这也是环境影响必然啊！

所以，对待交朋友一定要慎重。也许你会讲，我不想成为像古代那些道德高尚的圣贤，但是成为强者和成为圣贤的道理是一样的，都需要结交优秀的人，结交比自己强的人。只有这样，你才会跟强于自己的人同化而进步，在进步的过程中发现自己的缺点和不足，进而进行弥补，这些最终都会让自己得到提高。

【醒世箴言】

在你的生活中，特别是在你为成功而奋斗之初，你可能需要寻求知己，但是，你要注意，不要结交那些对你有害无益的朋友，不要被拖入他们的浑水之中。

学会与人合作

在社会生活中,朋友不是拿来看的,而是相互帮助的。也就是说,朋友要互相效力,世界上没有一个人能够完全离群索居,人是要过群体生活的。有一个比喻说明了这个关系:每一个人都是葡萄藤上的一根枝杈,其生命完全依赖在主藤上。枝杈什么时候脱离它的主枝,就什么时候萎缩枯干。一簇葡萄之所以味美色香,完全是因为倚在葡萄的主枝上,仅靠分枝是无能为力的,如果要把分枝从主枝上剪断,那么分枝上的葡萄就要枯萎。

社会交往能增强一个人的能力,一个人的接触面越广,他的知识、道德将愈加长进。一个人大部分的成就往往来自于他人的影响,他人常常在无形之中把希望、鼓励、辅助投射到我们的生命中,没有一个人能在孤身的环境里发挥出他自己的全部能量。

经常同他人合作,一个人就能发现自己新的能力。如果自我封闭,身上潜伏的力量就永远发挥不出来。要想生活质量有所提高,就要广泛地结交朋友,妥善地处理人际关系是一条最有效的渠道。因为良好的人际关系可以使你获得一些非常重要的信息,在这些信息的引导下,加以恰当的判断,形成一个完善的认识,并付诸实施,你就会在事业上领先一步。

与人合作在一个人的生活中充当着重要的角色,起着独特的作用,在成功人士眼里,良好的合作是能力的体现,和谐的人际关系是

第四章　合作

每个人取得成功的前提。相反，如果你以一个"马大哈"似的态度去与人交往，结果只有一个：失败。

然而，要想在合作中游刃有余，我们应当如何做呢？

我国著名作家王蒙总结的21条人际关系的准则可供我们借鉴：

1. 不相信那些动辄汇报谁谁谁在骂你的人。

2. 不相信那些一见了你就夸奖歌颂个没完没了的人。

3. 不讨厌那些曾经公开地与你争论、批评你的人。

4. 绝对不布置安排一些人去搜索旁人背后说了你一些什么。

5. 绝对不在公开场合，尤其不能在自己的权力影响的范围内，即利用自己的权力或者影响召集一些人大谈旁人说了一些什么，那样就等于拆自己的台。

6. 不回答任何对于你个人的人身攻击，只讨论不仅对于你和你的对手，而且对于更多的大众，对于社会和国家，对于某种学理的建设和艺术的创造确有意义的问题。

7. 一般不做自我辩护，但可以澄清一些观点，一些选择，一些是非。

8. 一时弄不清楚或一时背了黑锅也没关系。你还是你，他还是他。一个黑锅也背不起的人只能是弱者。

9. 不随便拒绝人，也不随便答应人。不许愿，不吊人家胃口，不在无谓的事情上炫耀自己的实力。

10. 不急于表现自己，也不急于纠正旁人，再听一听，再看一看，再琢磨琢磨。

11. 不在背后议论张长李短。

12. 记住，人际关系永远是双向的，学人者人恒学之，助人者人恒助之，敬人者人恒敬之，爱人者人恒爱之。同理，说人者人恒说之，

整人者人恒整之，害人者人恒害之，耍人者人恒耍之，虚伪应付人者人恒虚伪应付之。

13. 绝对不接受煽动，不接受挑拨，绝对不因 A 的煽动而与 B 为敌，也不因 B 的煽动而向 A 冲去。

14. 在人际关系中永远不考虑从中捞取什么。

15. 永远不要以为任何你接触的人比你傻比你笨比你容易上套。

16. 对某人某事感到意外时，先从好处引导引导，可能他做这件事是为了帮助你，至少客观上对你无损，而千万不要立即以敌意设想旁人。

17. 永远不与任何人包括对你不友好的人纠缠，你搞你的人际纠纷，我忙我的业务工作。你搞纠纷的结果未必能怎样怎样，我搞业务工作的结果很可能有一些成绩。我的一切成绩都是对你的最好回答，更是对友人的最大安慰。

18. 寻找结合点，契合点，而不是只盯着矛盾分歧。永远安然坦然，心平气和，视分歧为平常，视不同意见的人为现实的诤友或候补的诤友，而不是小气鬼般地一见到意见不一的人就如坐针毡，脸上红一阵白一阵。

19. 永远不从个人利害的角度谈论与思考问题，永远不要用"我、我、我"与人争论。

20. 把人际关系的处理当作一个特殊的课程，从中分析和进一步掌握我们的国情，我们的历史，我们的社会结构，我们的哲学传统与时尚思潮，我们的逻辑学、科学、文明教养、心理健康等，这也就是上一条所说的学术化的意思。

21. 用足力气去学习，去工作，去写作，去装修房屋，乃至去旅游去赛球去玩儿，但是用在人际关系上，用在辉映摩擦上，用在对付攻击上，最多只发三分力，最多发力30秒钟，然后立即回到专心致志地求学与做事状态，再多花一点时间和气力，都是绝对的浪费精力、浪费时间、浪费生命。

【醒世箴言】

俗话说"一个篱笆三个桩，一个好汉三个帮"，每一个成功者的道路上都洒满了他人的汗水，一个人独行简直不可思议。

与人牵手，才能快乐合作

现代社会是一个充满竞争的社会。"物竞天择，适者生存"，可以说，竞争是无处不有、无时不在的。然而，在这个充满竞争的社会中，一个人想要发展，想要在人生的转折点遇见转机，一个很重要的因素就是要懂得与人牵手。

与人牵手不仅仅是局限在合作者的范围内，包括你的竞争对象也是你的牵手者。虽然，在很多人的眼中，合作与竞争是难以相容的，然而，从本质上来说，合作与竞争有许多相通的地方。自从人类出现，合作与竞争就随之而出现了，而且，随着时间的推移和社会的进步，合作与竞争两者之间不仅没有削弱、消亡，相反，他们之间的联系日益加强。如今，在人与人之间，竞争与合作已经成为不可逆转的大趋势。所以，在当今的时代中，缺乏合作精神的人是不可能成就事业的，也不可能很好地应对知识经济时代的各种挑战，更难以成为知识经济

时代的强者。

所以说，若想成事，必须学会"牵手"。这样既可以弥补自己的不足，同时也可以与他人形成一股合力。俗语有云"团结就是力量"，只有与人合作，才会众志成城，才能战胜一切困难，才能产生巨大的前进动力。相反，不懂得与人牵手，就如一盘散沙，难以产生巨大的作用。总之，只有懂得与人牵手，这样才能谋求到共赢，才会使自己的事业向前发展。

从前，有两个饥饿的人在沙漠里走了很长的时间，终于，他们遇到了一位长者，长者说："我给你们一根鱼竿和一篓鱼。"这两人，一个要了一篓鱼，另一个要了一根鱼竿，就此两人各自拿着自己的东西走了。

得到鱼的人没走多远就搭起篝火煮起了鱼，然后，狼吞虎咽地吃了，结果肉味也没品出来，不久，一篓鱼就被他吃光了，最后，他在鱼篓旁饿死了。而选择鱼竿的人，一路忍饥挨饿，终于走到了海边，然而，在那时，他连最后一点力气也用完了，他带着无尽的遗憾撒手人寰。

后来，又有两个饥饿的人来到沙漠，长者也同样给了他们一根鱼竿和一篓鱼。但这两人并没有就此分道扬镳，而是相约结伴而行去找寻大海。饥饿的时候，他们只煮一条鱼吃，终于，他们来到了海边。从此，两人开始了捕鱼为生的日子。几年后，他们盖起了房子，有了各自的家庭、子女，建造了自己的渔船，过上了幸福的生活。

试看，上面的两对人，最初的两个人中的一个只顾眼前利益，选择了鱼并把鱼吃掉，结果，最后鱼吃完了，他也饿死了。而另一个人选择了鱼竿，抱着自己的希望不放，结果当发现希望就在眼前时却丢掉了性命，导致这种结果的原因是什么呢？主要就是因为他们不懂得合作。相反，另外两个人同样得到了长者的恩赐，但他们却选择了合作，最后过上了幸福的生活。由此来看，一个人若想成功，就要具有后两个人的合作意识，就要处理好与他人的关系，要学会与人"牵手"。

当然，由于每个人的生活经历、生活环境、学识等各方面的不同，也许，当你与他人相处的时候会感觉到有些困难，以下的意见能使你获得启示。

1. 要选择重承诺、守信用的人做你的合作伙伴。在现代市场经济条件下，信用、信誉是做人价值连城的无形资产。孔子曾说过："人而无信，不知其可也。"意思是说，一个人不守信，不讲信用，是根本不可以的。

在合作的事业中，"重承诺，守信用"这六个字是对合作伙伴的道德要求，也是基本要求。如果合作的事业中混入了连这个基本道德也不具备的人，那么事业的前途实际上已毁了一半。

2. 要选择志相同、道相合的人做你的合作伙伴。首先，合作伙伴在一起合作最直接的认同就是"志"相同。"志"指的是目标和动机。其次的认同就是"道"相合。"道"就是实现"志"的方法、手段。

3. 要选择能够取长补短、优劣互补的人做你的合作伙伴。合作就像一部机器，机器需要不同的零部件的配合。一个良好的合作结构，不仅能够为合作伙伴的能力发挥创造良好的条件，还会产生彼此都不拥有的一种新的力量，使单个人的能力得到放大、强化和延伸。最成功的合作事业是由才能和背景不相同而又能相互配合的人合作创造出来的。

4. 要选择有德亦有才的人做你的合作伙伴。挑选合作伙伴时要德才兼备，全面衡量，却不可只顾其一而不顾其二。正像人们所说"有

德无才是庸人，有才无德是小人"。重德轻才，往往导致与庸人合作；重才轻德，往往导致与小人合作。无论是庸人还是小人，与之合作注定是要失败的。其中尤其要注意的是不可见才忘德。

总之，理想的合作伙伴不仅是一个能为你提供资金、技术、安全感或其他方面支持你的人，而且更重要的是他应该是一个能让你信任、尊敬并与之同甘共苦的人，是一个与你具有共同的发展目标和价值观念的人，是一个能与你的才能、性格等方面形成互补的人，这才是你所需要的。

【醒世箴言】

损失一个朋友你就损失一个肢体，时间可使自己的痛苦减轻，但失去却不能补偿。不管你多么聪明，具备多么优越的条件，如果没有人帮助你，那么，你就很难成为一名成功人士。

学会社交，你就能立足于社会

在人生的重要转折点中，社交是一个人立足社会的根本条件之一，所以，一个人在社会中需要与各方面的人建立友好的关系，才能够使自己立于不败之地，创造成功人生。要做到这一点，就必须掌握一定的社交技巧，有人总结了人际接触的十三招，供大家参考。

1. 尽可能面带笑容。在交际中，笑容是消除对方戒备心理的一种有效办法，可以缩短你与对方之间的距离，进而，使你与对方产生一种亲切友好的感觉。

2. 能够在最初的时候记住对方的姓名,这样,当你与对方见面的时候,如果你能叫出对方的名字,很容易使其对你产生亲切感。相反,如果你在与对方的交际中,忘记了他的名字,往往容易造成很尴尬的局面,这是交际的最大失误。所以说,想要交际成功,最重要的一点就是一定要牢记对方的名字。

3. 和对方交谈时要看着对方。当你与对方进行交谈的时候应有约60%的时间看着对方,以此来表示你的诚恳。为什么这么说呢?因为人和人之间的交流,并不仅仅局限在语言交流的范围内,而且,在说话的时候,人是流露着丰富的感情,这些感情如果不能交流,那么谈话就会变得枯燥乏味,就会使对方产生厌倦。所以,和人交谈时,一定要看着对方,一方面显得你很真诚,很渴望听人说话;另一方面,显示你很尊重对方,显示你有礼貌。以此,你会更容易地进入对方的情感世界,获得更多的交际信息。

4. 在见面时要记住给对方一张名片,这样既会有助于彼此之间的沟通,同时也可以显示出自己的诚意。交际的本质目的就是为了深化双方之间的友谊,所以,如果想要与对方深入发展,就要有实际的表示,送一张名片或者写一张便条,都会表示你对友谊的重视,会使对方对你产生好的印象。

5. 握手。握手是现在交际中常见的一种礼节,它属于身体方面的接触,这种接触有助于友谊的深化。

6. 适当加入一些手势等身体语言来强调嘴里说的话。说话时,人的全身都在传递信息,最突出的就是人的手势,所以,在说话的时候,适当增加一些手势能使话语里的多余信息得到充分的表现,并且能增强说话的力度和强度。

7. 对方说话时应不时通过点头示意，或说"是"，或发出"唔"之类的声音，来表示同意他的论点。交谈时，人家在讲话时，你要配合讲话的内容，不时地做出反应，这样对方就会觉得你在认真地听，所以，虽然你只是发出"嗯""啊"的声音，但是能表明你们在进行着交流。

8. 向对方简要复述他已表达的观点。说话时，不断地复述对方刚讲过的话，一方面表示你刚才是认真听取了对方的话，另一方面表明你对对方的尊重，使对方觉得他的话有一定的意义和价值。这样对方就会对你产生遇到知音的感觉，你就能获得对方的友谊。

9. 如果同意对方的言论应公然表示，并说明为何同意。对方在说话时，有些观点与你产生了共鸣，你就应该立刻表示赞同，并且说明自己的理解，这样你就会在对方心理留下深刻的印象，使对方对你产生好感。

10. 设法根据对方的观点发挥。最使对方对你喜欢的方法是对对方话语的深入理解和发挥。如果你能把对方的话语发挥到一个高度，让对方产生自己是很了不起的人物的感觉，那他一定会对你喜欢得不得了。

11. 不要在交谈前先对对方有成见。人是在交际过程中才能发展友谊，如果你对人事先就有了成见，就会使你在和人交谈时不能正确理解对方的话语，即使对方的谈话是真诚的，你也不会接受对方的友谊，这就使谈话失去了应有的意义。

12. 如果你不懂一件事，千万不要装懂；如果说错了，应当承认说错。交际场合会涉及很多事情，有些事情是我们的知识范围之外的，这时候就应该虚心请教别人，千万不能不懂装懂。因为这时候不懂装懂就会产生笑话，就会使你的社交形象受到严重的损害。说错话是常有的事，及时地纠正会使人对你产生敬意，如果错了还要强辩的话，只能让人对你产生反感。

13. 如果你没法同意对方的观点，先说你自己的理由，然后再说因为"我对尊见未敢苟同"等。

【醒世箴言】

人人都盼望拥有朋友，然而，有人却常常叹息自己难以遇到一个朋友，主要的原因是你还没有敞开容纳朋友的心灵之窗。学会社交，你就能立足于社会。

确定自己的角色

在社会生活中，每个人都扮演着不同的角色，从社会人际关系学的角度讲，人都处在两个层次的社会关系之中：一是每一个人都归属于一定的民族、阶级或党派，生活在一定的国度，处于人际间的宏观关系之中；二是每一个人都有亲属、同事、上下级和业务联系等关系，处于人际间的微观关系中。每个人总是要同时以"宏观身份"和"微观身份"，来对待和处理人际间的各种关系。不管是国家同国家之间的冲突与联合，阶级同阶级之间的抗争与妥协，还是个人同集体的对立与协调；不管是人们痛苦的离别，还是快乐的团聚；是深深的思念，还是暗暗的诅咒；是善意的劝告，还是恶意的挑拨；是残酷的争斗，还是友好的合作；是虚伪的应对，还是真诚的共处；是冷漠的相待，还是热情的交往……所有这些，都在人际间发生、发展、变化。也正是这些人际间的悲欢离合，冷暖亲疏，构成了一幅幅生动活泼的画卷，构成了纷繁复杂的社会。

莎士比亚有一句名言："世界是一个大舞台，每个人都扮演一个重要的角色。"一个人要在社会上取得成功，首先要确定自己在社会上的角色。确定自己的角色就是要明确自己的人生目标，给自己在社会生活中定位。

卡耐基曾经这样总结自己的教训：当我由密苏里州的乡下到纽约去的时候，我进了美国戏剧学院，希望能做一个演员。我当时有一个自以为非常聪明的想法——一条到达成功的捷径，这个想法非常之简单，非常之完美，所以我不懂得为什么成千上万富有雄心的人居然没有发现这一点。这个想法是这样的：我要去学当年那些有名的演员怎样演戏，学会他们的优点，然后把每一个人的长处学下来，使自己成为一个集所有优点于一身的名演员。多么愚蠢！多么荒谬！我居然浪费了很多时间去模仿别人，最后终于明白，我一定得维持本色，我不可能变成任何人。

这次痛苦的经验，应该能教给我长久难忘的一课才对，可是其实不然。我并没有学乖，我太笨了，希望那是所有关于公开演说的书本中最好的一本。在写那本书的时候，我又有了和以前演戏时一样的笨想法。我打算把很多其他作者的观念，都"借"过来放在那本书里——使那一本书能包罗万象。于是我去买了十几本有关公开演说的书，花了一年时间把它们的概念写进我的书里，可是最后我再一次地发现我又做了一件傻事：这种把别人的观念整个凑在一起而写成的东西非常做作，非常沉闷，没有一个人能够看得下去。所以我把一年的心血都丢进了废纸篓里，整个重新开始。这一回我对自己说："你一定得维持你自己的本色，不论你的错误有多少，能力多么的有限，你都不可能变成别人。"于是我不再试着做其他所有人的综合体，而卷起我的袖子来，做了我最先就该做的那件事：我写了一本关于公开演说的教科书，完全以我自己的经验、观察，以一个演说家和一个演说教师的身份来写。

卡耐基取得了成功，是因为他终于明确了自己的社会角色，从他自己的角度来从事社会活动。人对自己角色的确定，一方面是自我评价，一方面是他人评价，同时也是由社会分工确定的。所以，人的社会角色也是在不断地发展变化的。每个人都要根据角色的发展变化，及时调整自己的心态，才能够在社交中受到欢迎，建立良好的人际关系。

其实，人对自己角色的认同，就能使人保持一个平常的心态，在自己的位置，以自己的身份和能力，做好自己的事情，与周围的人建立友好的关系。

有一位诗人写了一首诗，值得我们每一个人欣赏、借鉴。

如果你不能成为山顶的一株松，
就做一丛小树生长在山谷中，
但须是溪边最好的一小丛。
如果你不能成为一棵大树，就做灌木一丛；
如果你不能成为一丛灌木，就做一片绿草；
让公路上也有几分欢愉。
如果你不能成为一只麝香鹿，就做一条鲈鱼，
但须做湖里最好的一条鱼。
我们不能都做船长，我们得做海员。
世上的事情，多得做不完。

工作有大的，也有小的。

我们该做的工作，就在你的手边。

如果你不能做一条公路，就做一条小径；

如果你不能做太阳，就做一颗星星；

不能凭大小来断定你的输赢，

不论你做什么都要做最好的一名；

明确了自己的角色，你才能在社会的舞台上成功地表现自己。

【醒世箴言】

人对自己角色的认同，就能使人保持一个平常的心态，在自己的位置，以自己的身份和能力，做好自己的事情，与周围的人建立友好的关系。

提高自己的分量，让周围人重视起来

约翰·杜威曾说："人类本质里最深远的驱动力就是'希望具有重要性'。人类本质中最殷切的需求是渴望得到他人的肯定。"所以，在我们身边也就产生了这样一种事实：人人都有一种成为重要人物的愿望。即使是一个小孩子，他也会用自己的方式提醒人们关注他的存在。也正是这种需求使人类有别于其他动物，产生了丰富的人类文化。

然而，令人感到遗憾的是，在现实生活中，我们中的绝大多数人，实际上根本不可能成为令人注目的公众人物。试想：一个年近50岁的

第四章　合作

阿姨，能因为使用了某个美容产品就会变成 20 多岁的妙龄少女容貌吗？一个难以引起人们注意的人能因为用了某种产品就会让人羡慕吗？根本不可能。然而，在广告中之所以常常出现这种情况，主要就是因为商家利用了人们希望成为重要人物的愿望，大赚人们的钱财而已。但是，从这里，我们却可以得到这样一个事实：只要让人们觉得他们自己重要，你就能很快地走上成功的大道。

所以，在与人交往中，想要让自己的人生出现转机，想要打动人们内心，最好的方法就是，你要巧妙地让对方认为他们很重要。那么，我们在生活中究竟应该怎么做，才能满足别人的这种愿望呢？我们大多数人做理论探讨时常常夸夸其谈，但在实际生活之中，往往就会忽略一些重要的东西，如忽略"每个人都希望成为重要人物"这个观念。在我们的生活中，我们听到最多的就是"你算老几""你算个什么东西""你说的话分文不值""你不过是个普通人"等这样的话。之所以人们要如此对待他人，是因为大部分人看到别人尤其是那些似乎无关轻重的"小人物"时，总是在想："他对我来说无所谓，他不能帮我什么，因此他并不重要。"俗话说，不走的路都要走三遍。那个人现在可能对你不重要，但也许某一天、某个特殊的时候就显得重要了。

事实上，不管一个人的身份多么微不足道，地位多么的低贱，薪水少得多么可怜，但你千万不要忽视他们，因为他们对你都是很重要的。所以，如果你能满足对方的愿望，让他们意识到他对你很重要时，他就会更加卖力，对你会加倍地友好。

北京一家豪华大酒店餐饮部里有一名不起眼的小厨师。他没有特别的长处，做不出什么上得大场合的菜，所以他在厨房里只能当下手，谁都可以说他两句。但是，他会做一道非常特别的甜点：把两只苹果

117

的果肉都放进一只苹果里，那只苹果就显得特别丰满，可是从外表看，一点也看不出是两只苹果拼起来的，果核也被巧妙地去掉了，吃起来特别香。一次，这道甜点被一位长期包住酒店的贵妇人发现了，她品尝后，十分欣赏，并特意约见了做这道甜点的小厨师。

贵妇人在酒店长包了一套最昂贵的客房，虽然她每年加起来大约只有一个月的时间在这里度过。但是，她每次到来，都会点小厨师做的甜点。酒店里年年都要裁员，经济低迷的时候，裁员的规模更大。而这位不起眼的小厨师却风平浪静。毫无疑问，贵妇人是酒店最重要的客人，而小厨师则是那个不可缺少的人。

能够满足他们成为一个重要人物的愿望，并且长期地坚持下去的话，你就会在你的事业上取得成功。你如果是个销售商，顾客会向你买更多的东西；如果你是个老板，你的员工就会更加努力地工作；如果你是个员工，老板也会更多地照顾你。

所以，在生活与工作中，一定将使对方感觉到他们是不可缺少的人，要尽力使你的同事们、顾客们等任何一个跟你亲近的人都觉得你确实是很需要他们的，这是至关重要的。这种满足别人成为重要人物的愿望，就是我们成功的"百宝箱"里的一件法宝。

【醒世箴言】

管理专家指出，老板在加薪或提拔时，往往不是因为你本分工作做得好，也不是因你过去的成就，而是觉得你对他的未来有所帮助。

第五章　坚持

人生如海，潮起潮落，既有春风得意、高耸入云的快乐，又有万念俱灰、跌入深渊的苦楚。古人云，古今成大事者，不唯有超世之才，亦有坚韧不拔之志。坚持，是求得成功最重要的金钥匙。

坚持，会迅速升值你的信念

成大事不在于力量的大小，而在于你能坚持多久，这是一个人是否能够看到转折点曙光的保证。所以，人一定要拥有坚定意志，它会迅速提升你的信念。如果因暂时的困难或者挫折将自己的信念丢掉，这就很可能会错过了成功的良机。

马峰刚开始创业的时候，全部家当只600块钱。后来，马峰靠着做生意积攒了一些钱，他决定把这些积蓄投入到地皮生意中。

那个时候，从事地皮生意的人很少，因为多数人们生活都比较穷，更何谈有人去买地皮盖房子、建商店呢？正因为如此，所以，那时地皮的价格也很低。可是，对于马峰这个做地皮生意的决定，他的亲朋好友异口同声地反对。

虽然大家都对此反对，但是，马峰丝毫没有动摇，他始终坚持自己的信念，他相信自己的眼光。他认为虽然现在大家的生活都不富裕，但是，在国家大力发展经济的大好形势下，其经济也会很快复苏，那个时候买地皮的人一定会增多，地皮的价格也会随之暴涨。

于是，马峰把自己所有的积蓄再加上一部分贷款全部投了进去，他在市郊买下了很大的一片荒地。虽然这片土地已经闲置好久无人问津。可是马峰经过一番考察后，毅然决然地将其买下了。他坚信在经济不断向前发展的大好形势下，城市人口也会随之增多，而市区的土地使用面积也必将随之不断扩大，向郊区延伸，而现今这片无人问津

第五章　坚持

的土地一定会变成黄金地段。最终，事实也正如马峰所预料的那样。在他买下这块荒地不出5年的时间，城市人口剧增。这时，人们发现，这片土地四周风景宜人，是夏日休闲避暑的好地方，于是，这片土地的价格倍增，很多商人竞相出高价购买。

卡耐基说："朝着一定目标走去是'志'，一鼓作气中途决不停止是'气'，两者合起来就是'志气'，而一切事业的成败都取决于此。"一个人仅仅关注眼前利益，而被一时的困难或者眼前的利益诱惑，或者被周围人否定，就动摇了自己的信念，轻易放弃自己的目标，那么，我们的目标将永远无法实现。

有人曾经做过一个调查表明：48%的推销员找过1个人之后，就不干了；40%的推销员找过两个人之后，就不干了，12%的推销员找过3个人之后，还坚持继续干下去——80%的生意就是由这12%的推销员做成的。

一个人成功的关键在于坚定自己的信念，要相信自己一定能够成功，不能因为困难就怀疑自己的决定，或者怀疑自己选错了领域，自己的信念都不坚定，自己不相信自己能够成功，那么，人生对你来说又怎么会出现转机呢？所以说，坚定信念是一个人谋求转机的必修课。如果你的选择不是一时冲动，就要坚定地走下去。

涓滴之水终可以磨损大石，不是由于它力量强大，而是由于昼夜不舍地滴坠。的确，在人生的旅途上，我们不是为了失败才来到这个世界上，我们也不是为了抱怨来到这个世界上。所以说，失败不是我们命运的归宿，我们的归宿是坚持之后的成功。正如马尔说的："别人放弃，自己还在坚持，自己照样前进，看不到光明和希望依然努力奋斗，这种精神是一切科学家、发明家取得巨大成功的原因。"

一个没有坚持不懈精神的人，总会有挫败感，这是无疑的。凡事

要想做好，想取得一定的成就，就要有坚持不懈的努力精神和信念，可以说，坚持不懈是我们成就伟大事业的保障。

【醒世箴言】

持之以恒的人就像水中的灯影，尽管狂风袭来，扭弯它的身躯，但它绝不会倒下；意志薄弱的人如同一株幼树，一旦被风吹折，就不会再站起来，也就失去了获得成功的机会。

懂得坚持，不要轻言放弃

《荀子·劝学》："积土成山，风雨兴焉；积水成渊，蛟龙生焉；积善成德，而神明自得，圣心备焉。故不积跬步，无以至千里；不积小流，无以成江海。骐骥一跃，不能十步；驽马十驾，功在不舍。锲而舍之，朽木不折；锲而不舍，金石可镂。"也就是说"坚持就能成功"。

一些成功人士总结出一个道理，如果你要想成功，就必须有强烈的成功欲望，否则是断不可能成功的。成功的首要条件就是自信，所谓河流永远是不会高于源头的。人要想取得事业上的成功，就必须要对自己充满信心，因为自信是一股巨大的力量，只要有信心存在就能产生神奇的效果，换句话说，你要明白"你能，是因为你想你能；他不能，是因为他想他不能"这句话的真谛。在我们认为，自信是金钱、势力更有助于你走向成功之路，同时它也是人生最可靠的资本，

第五章　坚持

它能够让我们不断去迎接挑战，排除万难，使你的事业走向成功。

陈安之曾经说过："不管做什么事，只要放弃了就没有成功的机会；不放弃，就会一直拥有成功的希望。"无论你遇到了什么样的困难，都不要轻言放弃。正如一部分人拥有99%的成功欲望，却有着1%放弃的念头，这种人是不会成功的。很多人在做了90%的工作之后，却在最后的10%放弃了，这不但浪费了开始的投资，同时也丧失了能够发掘宝藏的机会。

无论我们做什么事情，都要甩开那些放弃的念头，鼓起勇气面对艰苦的人生。如果没有这份信心，那么就别指望能够成功。要知道获得成功的人，首先是因为他们自信，时下，有很多人都认为，自信是成功的一半，但是毕竟不是全部。如果不能充分认识这一点，恐怕将来获得的这一半也会消失掉。但凡自信的人依靠的全部是自己的力量去实现目标，而自卑的人则是靠着运气去达到目的。如果你把自己比喻成是冬天的野草，历尽严冬，但是只要坚强地站着，就会在春天重新生长；如果你把自己比喻成一株幼苗，经过风吹便夭折，即使是春天也再站立不起来，永远失去了成长的机会。

有这样一个故事，故事的主人公是一位从小就梦寐以求成为一名演员，在18岁那年，她开始在一家舞蹈学校学习，但是，在3个月以后，因为成绩太差被学校强制退学，便失去了求学的机会。在退学的两年里，她一边靠打一些零工维持生活，一边参加排练，即使没有什么报酬，她也非常愿意接受。可是对她的打击还是无休无止，她得了肺炎，并且医生告诉她，她的双腿已经有肌肉萎缩的现象出现，以后有可能不能走路了。步入青年的她，拖着残疾的双腿和一个没有实现的演员梦，回家休养。在休养的这段时间里，她对自己的梦想从未放弃，她坚信自己会再一次站起来，重新走路，又经过两年的时间，经

过无数次的摔倒，她终于重新站了起来，就这样，时间一晃又过去了18年，她还是没有成为她梦想的演员。

不知不觉中她已经40岁了，可就在她40岁那年，机会终于眷顾了她，有一个角色让她出演，这个角色对她非常的适合，她终于实现了自己的演员梦，并且在这次出演之后，她的人气大增，非常受欢迎，并且成为了著名的女演员，他就是露茜丽·鲍尔。

她的故事影响了很多的人，但观众看到的不是她早年因病致残的跛腿和一脸的沧桑，而是一位杰出女演员的天才能力，看到的是一个不言放弃的人，一位战胜一切困苦终于梦想成真的人。

哲学家说："存在的，就是正确的。"每个人活在这个世界上都有他存在的必要性，只要我们不轻言放弃，对自己的理想坚持不懈，总会有成功的那一天。因为人最需要战胜的不是别人，而是自己。

所以，首先，你要预料到把一种想法变为现实必然会有种种困难。因为每一个冒险都会带来许多风险、困难与变化。假设你从芝加哥开车到旧金山，一定要等到"没有交通堵塞、汽车性能没有任何问题、没有恶劣天气、没有喝醉酒的司机、没有任何类似意外"之后才出发，那么你什么时候才出发呢？你是永远走不了的。当你计划到旧金山时，先在地图上选好行车路线，检查一下车，并且尽量考虑一下排除其他意外的做法，这些都是出发前需要准备的事项，但是仍无法完全消除所有的意外。

其次，发生困难时，要勇敢地面对现实，积极去解决困难。

成功的人物并不是在行动前就解决所有的问题，而是在行动遭遇困难时能够想办法克服。不管从事工商业还是解决婚姻问题或任何活动，一遇到麻烦就要想办法处理，正像遇到沟壑时就跨过去一样自然。

沉浸幻想，不付诸行动，那是弱者行为。敢想，固然好，但若迟迟不行动，沉浸于此，必将一事无成。

人生只有在行动过程中，才会走向成功，才会改变命运，当然也会带来无限的满足。你现在已经想到一个好创意了吗？如果有，就不要空想，把它变成行动，现在就去做吧！

【醒世箴言】

干事业，就像登山。受挫时，不要轻言失败，更不要轻易放弃。很多时候，只要再坚持一会儿，就能看到成功的曙光。

坚韧不拔的意志使人无往不胜

中国有句古话叫作："不经一事，不长一智。"每当我们遇到困难的时候，不一定每次都能顺利地把困难克服，但至少这个过程能够让我们在心智上、阅历上还有经验上都有所增长。但是，如果你能够把困难很好地克服掉，在这个过程中所积累的经验和信心将是你一生中难得的资产。

每个人在遇到困难的时候，总是第一时间选择逃避。你是否也在逃避困难呢？如果是的话，那么就从今天起让我们勇敢地、坚强地去面对它吧！

当你经历挫折，又陷入无助的状态，感到世态炎凉的时候。不要怨天尤人，也不要去抱怨，因为那些都无济于事，只有我们勇敢地去面对，才能获得身心的解脱。

面对困难，只有我们选择正确的方法，下定决心去做事，都是有可能成功的。当然，也有一无所获的概率，但是，如果我们在一开始就畏缩不前的话，那成功的希望是非常渺茫的。人的智慧是有限的，所以跌倒是不可避免的，不同的是，有的人跌倒得比较轻，有的人跌倒得比较重，有的人跌倒头破血流也无所谓，而有的人稍稍一碰就心灰意冷。如果你跌倒了，而你本来也是一个不怎么样的人，那么别人会因为你跌倒而更加轻视你；如果你小有成就，你的跌倒只会成为别人眼中的一场好戏。所以，为了不让别人看不起，还想保留你的尊严，那么你一定要站起来。

一时的跌倒并不能代表什么，只有站起来才能继续和别人竞逐，如果躺在地上的话，就没有任何的机会，所以一定要站起来。如果因为摔得太重，不想起来的话，不但没有任何人会去扶起你，你还会成为别人的笑柄。如果能够忍痛站起来的话，那么迟早会得到别人的认可和帮助，而那些站不起的人是得不到别人任何帮助的。

意志力在有些时候能够改变状况，当你跌倒之后，如果你能忍着伤痛爬起来的话，也是对自己意志力的一次锤炼。有了钢铁的意志，就不会在以后的路上害怕跌倒。为了你以后的路途，不管多难都要站起来。

有时候人摔倒了，在心里的感受上和实际的程度是不一样的。总而言之，不管你摔得有多重，如果你不愿意站起来，那么你就会成为别人的笑柄，进而丧失竞争的机会，就算站起来又倒下去了，至少你算是一个坚强的人，绝对不会有人轻视你。这就是人生，没有任何的道理可言。

从小就娇生惯养的人，被人称之为温室中的花朵，经不起外面风雨的吹打；而那些成功的人，是经过层层磨炼，在困境中坚强地向困

第五章　坚持 //

难挑战的勇士。只有在与逆境对峙之后，才能真正地体会到幸福的宝贵。

所以说，挫折并不等于失败，挫折也并不可怕，可怕的是你没有战胜挫折的智慧。

那么如何战胜挫折呢？

首先，消除自我负面暗示。

负面暗示是指，很多人无论遇到什么事情，最后都有坏的后果，久而久之，他就失去对事件的理性判断，将负面情绪变成负面决策。所以，战胜挫折的关键在于，更改自己的"负面情绪"，将负面人生转为正面的驱动力。

其次，要战胜自己。

想战胜困难就必须先战胜自己，要想战胜自己就必须改变原来的自己，做一个全新的你，世界上很多人之所以不能战胜自己，就是因为他们认为自己很伟大、很优秀，不愿意正视自己的缺点与不足。所以，要战胜挫折就要战胜自己。

最后，不要受制于外界环境。

人在世界上生存，自然要与周围环境发生关系，但是，要对环境做深入的分析，切不可只受环境的影响，使自己的理想与现实相距越来越远。要敢于突破环境，走出环境的限制区，这样即使你手中抓到一副烂牌，你依然可以凭自己的实力去打好它。

【醒世箴言】

坚持，是人生中最重要的品质之一。成功往往来源于再坚持一下的努力之中。只有坚持和决断才是全能的；只有坚持和决断才是成功的最重要品质。

127

坚持，会让你在下一个路口遇见成功

卡勒先生说："许多青年人的失败，都应归咎于他们没有恒心。"的确，在一个人实现目标的过程中，总会遇到很多的困难。正因为有了它们的存在，我们内在的自我潜能才能得到更深层次的挖掘和利用。为此，我们不但不能逃避困难，而且还应该以更加积极的心态主动迎接困难，并通过自己坚持不懈的努力最终克服困难、实现成功。这既是务实的必备要素，也是成功的重要条件。

一天，有一艘轮船在大海上出事了，一个叫张胜的水手带着5个人坐上救生艇在海面上漂流了三天。此时，大家都已饥渴难耐，想要喝水。但是，在这次事故中，大家身上什么都没有了，只有水手的身上还有一瓶水，他对大家说："现在，我们只有这一壶淡水了，它是我们的救命水，不到万不得已，我们不能喝壶里的水，谁要敢动，我就杀死他！"他说着的时候，从腰里拔出一把刀。

就这样，大家又熬过了一夜。

第四天到来了，毒辣辣的太阳如同烈火一样烘烤着救生艇上的人们，突然有人晕厥过去，干裂的嘴唇发出低低的声音："水……水……"

张胜贴近他的耳边说："你要坚持，坚持，我们还没有到万不得已的时候，一定要顶住。"

一旁的人说："这还没到时候？你是想渴死我们吗？"说着，这人

第五章 坚持

就来抢水壶。

张胜迅速从腰间拔出刀,大喊道:"别动!谁也不要过来!"

那人坐下了,气急败坏地说道:"我看你是想趁天黑的时候独吞这壶水!"

……

第五天来到了。救生艇还是漫无目的地漂流着,大家虎视眈眈地盯着张胜,都想夺取他身上的水壶。中午的时候,又有两个人昏过去了。他们清醒过来的第一句话,就是恳求张胜给点儿水喝。但张胜还是那句话:"还没到你们最需要水的时候,你们还能顶得住。"

第六天来临了。大家浑身瘫软得像一摊稀泥,都倒下了,他们像即将渴死的鱼一般,无力地张着嘴。突然,在中午时分,远处传来了汽笛声。救生艇上的六个人得救了。然而,当大家拿到张胜身上的水壶时,却发现里面根本没有一滴水……

张胜说:"我只是给你们虚构了一个希望。目的是希望你们在这壶水的驱动下能够坚持住。如果你们一开始就知道没有水,你们会被绝望打败,生命就会在心灵死亡后消失。"

困难都是暂时的,只有坚持到底的人才会成功,中途放弃的人注定会失败。

换种方式考虑,坚持其实就意味着机会,意味着能够实现成功。如果我们能够看清坚持背后的现实意义,抱着务实的心态去面对,一步一步地坚持努力,那我们终将克服这些困难,远大的目标也会在这一步一步的努力中最终得以实现。相反,如果我们缺乏坚持的毅力,在挫折面前退却,那么,它们永远都是我们成功道路上的绊脚石和拦路虎。

所以说,获得成功的前提就是坚持。人们最信任意志坚强的人,

129

当然意志坚强的人有时也许会碰到困苦、挫折,但他们绝不会惨败得一蹶不振。只要能够坚持到底,一个庸俗平凡的人也会有成功的一天,否则即使是一个才识卓越的人,也只能遭遇失败的命运。

成功就需要坚持到底的心态,需要持之以恒,当你一次又一次地被拒绝时,请对自己说:我还有机会,成功就在下一个路口!

【醒世箴言】

事业常成于坚忍,毁于急躁。卓越的人的一大优点是:在不利和艰难的遭遇里百折不挠。坚持到底,这是成功的必经之路,唯有坚持,才能有丰收的果实。

具备坚韧不拔的品格

有人说,坚韧是一种刚强,坚韧是一种品格,坚韧是一种性格魅力,坚韧是一种韧性,坚韧是一种富有强度的力量。的确,坚韧是夹缝里求生存,是一种特性。老子说:"兵强则灭,木强则折。"但只有坚是不行的,还得有韧,韧是顽强的意志力和超强的忍耐力。具有坚韧性格的人,他们永远不会放弃,不屈不挠,不达目的誓不罢休。

曾经有一个十五六岁的孩子,但十分胆小、怯懦,一点男子汉的气概也没有。父亲为此十分苦恼。为了改变儿子的这种性格,父亲去拜访一位在寺院修行的禅师,请他帮助训练自己的孩子。

禅师对他说:"你把孩子留在我的寺院里3个月。3个月后,你再来，一定能够看到你的孩子已经成了真正的男子汉。但是，在这3个月之内，你不可以来看他。"父亲之后同意了禅师的要求。

一转眼，3个月过去了，那位父亲如约来接他的孩子。禅师让孩子和一个空手道教练进行一场比赛，以此展示这3个月的训练成果。结果教练一出手，孩子便倒在地上了。但是，孩子并没有就此不起，而是继续站起来，迎接挑战，但马上又被打倒，他就又站起来，一次又一次……

禅师问父亲："你觉得此时，你的孩子是否已经拥有了男子汉的气概？"父亲回答说："这太让我难以接受了！我好心痛！我送他来这里3个月，没想到结果竟然是，他这么不经打，被人一打就倒。"

禅师说："这仅仅是你看到的表面而已。难道你没有看到你儿子那种倒下去之后立刻又站起来的勇气和毅力吗？那才是真正的男子汉气概啊！"

坚韧是一种磨砺。一个人如果能具有站起来比倒下去多一次，那么，这个人就能走向成功。所以，对于那些渴望成功的人来说，你们需要做的就是不能因为暂时的失败和挫折而自暴自弃，要具有坚韧不拔的毅力，努力上进。

因为，一个人要想取得成功，想要找"捷径"，这根本不可能，最需要的就是坚韧不拔的品格。正如法国生物学家巴斯德所说："告诉你使我达到目标的奥秘吧，我唯一的力量就是我的坚忍精神。"的确，碰到阻力是坚持还是放弃，也取决于坚韧不拔的意志。成功与失败就决定于坚韧不拔的意志，依赖运气的人们常常有满腹牢骚，他们只是一味地期待着机会的来临。至于获得成功的人，他觉得唯有"坚韧不拔的意志"方能完善人生。所以，对于每个人来说，培养坚韧的性格是十分重要的。

那么，如何来培养坚韧的性格呢？

1. 明确知道自己最想要的是什么，拥有清晰的目标。

2. 不断强化自己具有坚韧性格的欲望。

3. 肯定自己，增强自己的自信心。

4. 学会与人合作，了解和适应别人生活与工作的方式，与周围的人建立融洽的关系。

5. 具有顽强的意志力，这样才能为了既定的目标而自觉去努力。

6. 经常进行体育锻炼，培养在困境中的坚韧和弹性，强化驾驭生活的能力。

【醒世箴言】

天行健，君子以自强不息。坚韧顽强是成功者必备的素质，如果缺少这种素质，即使你有再美好的创业计划，有再好的创业条件也会与成功无缘。

不轻言失败

人生如牌，无论何时，都不能轻言失败，哪怕自己仅剩一张牌也要勇往直前，切勿畏首畏尾，知难而退。兵法有云："一鼓作气，再而衰，三而竭，彼竭我盈，故克之！"只要你拥有坚定的意志，那么你就能够守得云开见月明。

俗语说，世上无难事，只怕有心人。这个有心，就是有恒心，有

第五章 坚持

了恒心,不轻言放弃,再难的事也能成功。没有恒心,遇到困难就中途放弃,则一事无成,再容易的事也会成为困难的事。

天下事最难的不过十分之一,能做成的有十分之九。要想成就大事大业的人,尤其要有恒心来成就它。坚韧不拔的毅力、百折不挠的精神、排除纷繁复杂的耐性、坚贞不屈的气质,是涵养恒心的要素。

曾经,荷兰的一个小镇来了一个只有初中文化程度、名叫列文虎克的年轻农民。他的工作是为镇政府守大门。然而,除了工作之外,他还有一个特殊的爱好就是磨镜片。而且为了钻研磨镜技术,他四处求师访友,向人学习。甚至为了这个特殊的爱好,他竟然淡化了与亲友的往来,有人骂他是"不近人情的家伙"。但是对此,列文虎克并没有放在心上,他依然锲而不舍地勤奋工作,磨出的复合镜片的放大倍数超过了专业技师,最终制成了当时无与伦比的精细显微镜。被授予巴黎科学院院士的头衔。

一个人之所以成功,并不是上天眷顾他,而是日积月累自我塑造的结果。幸运、成功永远只会属于有恒心不轻言失败、能坚持到底的人。一日曝之,十日寒之;一日而作,十日所辍,成功的概率,几乎等于零。

俗话说得好,滚石不生苔,坚持不懈的乌龟能快过灵巧敏捷的野兔。正如布尔沃所说的,"恒心与忍耐力是征服者的灵魂,它是人类反抗命运、个人反抗世界、灵魂反抗物质的最有力支持,它也是福音书的精髓。从社会的角度看,考虑到它对种族问题和社会制度的影响,其重要性无论怎样强调也不为过。"

大发明家爱迪生也说:"我从来不做投机取巧的事情。我的发明除了照相术,没有一项是由于幸运之神的光顾。一旦我下定决心,知道我应该往哪个方向努力,我就会勇往直前,一遍一遍地试验,直到产生最终的结果。"

凡事不能持之以恒，正是很多人失败的根源。

那么，如何培养不轻言失败的习惯呢？

1. 合理的计划表可以帮助你坚持下去。

如果没计划，是做不好工作的。设计合理的计划表，不仅可以理顺工作的轻重缓急，提高效率，而且可以在无形之中督促自己努力工作，按时或超额完成计划。

制订可行的工作计划和执行计划时要注意，也许你愿意用硬性的东西约束自己，或希望有充分的灵活性，甚至等自己有了灵感的时候才动工。可是万一你正好没有灵感，整个礼拜都没兴致工作的话，怎么办呢？这样下去，你就可能失去坚持下去的耐心，对自己的创造能力产生怀疑。

至少开始的时候，你可以为自己安排一段单独的时间，试验自己的专长。按照进度将使你做更多的工作——如果你想出类拔萃的话；如果你给自己安排的进度并不过分，可是你还是抗拒它的话——譬如找借口拖延工作进度，那么就得研究一下自己的动机了。

计划的制订，将迫使你问自己这个严酷的问题：我真的想做这件事吗？即使进行得不太顺利，我还是按部就班地做吗？如果答案是"是"，那么你是真的想得到成功，合理的计划表可以帮助你坚持下去。

2. 将挫折转化为前进的勇气。

有些失败转眼会被我们忘记，有些挫折却会给我们留下深深的伤痛。但是，无论如何，我们都不应该因为挫折而停止前进的步伐。每个人都必须为目标奋斗。如果你不继续为一个目标奋斗，你不仅会失去信心，还会逐渐忘记自己有个目标。如果你不再继续坚持的话，就会开始怀疑自己是否能成功地实现计划所定的目标。

有时你也许会因为目前完不成一个小的目标，而改做其他的尝试，这种随便的做法是一种变相的放弃。千万不要拿困难做借口，改作另一个计划。

3. 努力完成计划。

当你坚持完成计划的要求，实现成功的目标后，你会更加坚定地做完以后的工作，这对培养你的不轻言失败的习惯会有很大的帮助。不把事情做完的话，你会觉得自己像个没有志气的懒虫。以后如果你不敢肯定是不是能把工作完成的话，就很难再开始做一件新的事情。这是非常重要的一点。因为从事的工作可能只花几个小时，也可能花许多年工夫。不管花多少时间，你都得面临这个问题：完成这件工作呢，还是放弃它？你最好从开始就搞清楚，自己是不是真的想完成它，要不然你何必花这些心力呢？

如果你是某一领域的专业人员，你的成功目标就是成为这一领域的翘楚，那么就不能单是把计划完成，你必须把作品展示出来，接受别人的批评。不要把你的小说只给一家出版社看，如果这一家不接受的话，就全盘放弃。你必须再接再厉，给很多家出版社看，一定要给自己的作品充分的机会。

如果你为了完成这个计划已经付出了很多，那就坚持下去，也许最艰难的时候，也是离成功最近的时候。

【醒世箴言】

追求成功的过程往往不是一帆风顺的，在人生奋斗的征途中，失败常常与人作伴。但强者总是不言失败的，而且"屡败屡战"，最终取得成功。

毅力，是征服者的灵魂

你若是想在这个世界留下值得让人怀念的事迹，那就非得有毅力不可。毅力能够决定我们在面对困难、失败、诱惑时的态度，看看我们是倒下去还是屹立不动。如果你想减轻体重、如果你想重振事业、如果你想把任何事做到底，单单靠着"一时的热情"是不够的，你一定得具备坚强毅力方能成事，它是产生行动的动力源泉，能把你推向任何想追求的目标。具备毅力的人，他的行动必然前后一致，不达目标绝不罢休。

安东尼·罗宾认为，只要你有毅力，就能够做成任何大事；反之，没有毅力，你就注定失败和失望。一个人之所以敢于冒险去做任何事情，凭的就是他们的勇气，而勇气则源于毅力。

一个人做事的态度是勇往直前还是半途而废，就看他们是否时常锻炼自己的毅力。埋头硬干不表示就是有毅力，必须能察看出实际情况的变化，并不失时机地改变自己的做法。有时候单有毅力并不一定能成事，你还得有智慧。

没有一个人能帮你培养恒心毅力，只有你自己，你自己的智慧。有些累积了大笔财富的人培养恒心毅力，是出于需要。他们把恒心、毅力培养成一种习惯，因为他们为周遭的切身局势所迫，不得不坚持到底。

那些已培养出恒心和毅力的人似乎像上了保险一样，乐于不再失

第五章　坚持

败。无论他们再受挫多少回，仍朝着阶梯的巅峰顶端迈进，直至抵达为止。有时候，仿佛是有位隐形的指引者，借着各式各样的磨难摧折来攀峰者。那些在失意之后，收拾好自己，卷土重来，继续努力尝试的人，终将登顶；全世界的人都会对他们说："好棒啊！我早就知道你可以办到的！"隐形向导是不会让没有通过耐力考验的人坐享巨大成就的。禁受不住考验的人根本就不及格。

经得起考验的人会以其恒心耐力获酬至丰。不论他们所追求的是什么目的，都能如愿以偿，而这还不是他们得到的所有一切。他们得到的是比物质弥补更重要的经验："每一次失败都伴随着同等利益的成功种子。"

每隔一段时间，总有人从百老汇的人群中脱颖而出，然后又风靡百老汇了。但是风靡百老汇不是一朝一夕就可以拿下的。只有在一个人拒绝就此罢休"之后"，百老汇才会用金钱回报并认同其天赋才华。

因为，此人已发现征服百老汇的秘诀了。而这一秘诀始终和"恒心毅力"脱不了关系。

芬妮·赫斯特的奋斗史里，就有这样一则故事。

1915年她来到纽约，要靠写作来创造财富。但财富并没有在一夕之间来到，四年的时间里，她夜以继日地工作并怀抱梦想。希望变黯淡的时候，她没有说："好吧！百老汇，算你赢了！"她说的是："很好，百老汇，你可能打倒不少人，不过，那可不是我！我会逼你放弃。"

在她第一篇故事刊登出来之前，该报已退了她36次稿。

一般作家和其他的人都一样，碰到第一次退稿，就会放弃了。而她却不会，因为她决心要赢。之后，她成功了。魔咒一下子解除了，

137

无形的向导已考验过芬妮，芬妮也通过了测试。从此以后，出版商络绎不绝地往来于她家大门。写作最终为她带来了财富。

你可以由此看出恒心毅力能够办成什么事。芬妮·赫斯特不是例外。任何人若累积了大笔财富，你都可以一口咬定此人必定坚韧不拔。百老汇可以给任何一位乞丐一杯咖啡和一块三明治，但百老汇要求那些想做大赢家的人必须坚韧不拔。

你也可以训练自己坚韧不拔。恒心、毅力是一种心智状态，所以是能培养训练的。恒心、毅力和所有的心态一样，奠基于确切的目标，其中有：

第一，目标坚定。知道自己所求为何物，是第一步，而且也许是培养恒心毅力最重要的一步。强烈的动机可以驱使人超越诸多困境。

第二，明确渴望。追求强烈渴望的目标，相形之下是比较容易有恒心毅力，并坚持到底。

第三，自立自强。相信自己有能力执行计划，可以鼓舞一个人坚持计划不放弃。（自立自强可以根据自我暗示那一原则培养出来）

第四，计划确实。即使是不太扎实的计划，不够实际的计划，都能鼓励人坚韧不拔。

第五，正确的认识。知道自己的明智计划是有经验或以察为根据，可以鼓励人坚定不移；不知情仅是猜想，则易摧毁恒心毅力。

第六，与人合作。和他人和谐互助、彼此了解、声息相通，容易助长恒心毅力。

第七，意志坚定。集中心思，实施计划以达成确切目标，可以带给人恒心毅力。

第八，养成习惯。恒心、毅力是习惯的直接产物。人们会吸收滋长心智的日常经验,并且化身为其中的一分子。

你意识到自己的意志和毅力,你就可以按照自己的想法去生活,你就可以向这个世界推销你自己。

【醒世箴言】

不轻易放弃自己的目标和追求,无论遇到多大的困难和挫折,也不轻言失败,或者在中途改变自己的目标,这是智者。

坚持过后便是成功

一个拳手曾经说,在受到对手猛烈攻击的情况下,倒下是一种解脱,或者说是一种诱惑。每当这时候,我就在心里对自己叫喊:挺住,再坚持一下,再坚持一下!因为只有我不倒下,才有取胜的可能。胜利往往来自于"再坚持一下"的努力之中。

有人说,天才容易成功,其实,并不是这样,天才未必就能成功,正如聪明的人也不一定幸福,财富的获得是一种奋斗的使然,并不是天上掉下来的,只有辛勤工作、坚持不懈,才能成功。所以,无论做任何一件事,我们都要有始有终,坚持到底,把事情做完。不要在中途因为一点点小小的磨难而轻易放弃,如果那时你选择了放弃,那么,你就永远没有成功的可能。成功在于坚持,坚持到底就是胜利。

开学第一天,古希腊大哲学家苏格拉底对学生说:"今天咱们只

学一件最简单、最容易的事儿。每人把胳膊尽量往前甩，然后再尽量往后甩。"说着，苏格拉底示范了一遍："从今天开始，每天做300下，大家能做到吗？"同学们都笑了。这么简单的事，有什么做不到的呢？过了一个月，苏格拉底问同学们："每天甩手300下，哪些同学坚持了？"有百分之九十的同学骄傲地举起了手。又过了一个月，苏格拉底又问，这回，坚持下来的学生只剩下八成。一年以后，苏格拉底再一次问同学们："请大家告诉我，最简单的甩手运动，还有哪几位同学坚持了？"这时，整个教室里，只有一个人举起手。这个学生就是后来成为古希腊另外一位大哲学家的柏拉图。

在奔向成功的路上，挫折与挑战是会经常向我们袭来的。此时，我们应该怎么办呢？成功学家们考察了那些具有杰出的个人品质并取得巨大成功的人，得出了下面的结论：能够把一件事坚持做下去，是所有成功者共同拥有的优秀品质。

有一个员工，他是一家公司的推销员。

一天，他走进一家小商店，准备推销商品，但当他进去的时候，发现店主正在静静地坐在那里，于是他热情地伸出手，向店主介绍和展示公司的产品，但是，令他感到意外的是，对方居然毫不理会。这位推销员感到十分诧异，但他却并没有因此而丧气，于是，他主动打开所有的样本向店主推销。他认为，凭自己的努力和推销技巧一定会说服店主购买他的产品。但是，结果依然出乎他的意料之外，那个店主十分生气地拿起扫帚把他赶出店门，并说："上次你们推销给我的东西一直没有卖出去，至今还在这里积压着，没想到现在你们公司居然还敢派人来我这里，如果再见你来，就打断你的腿。"听了店主的话后，推销员明白了其中的原因，这个推销员就疏通了各种渠道，重新做了安排，使一位大客户以成本价格买下店主的存货。不用说，他受到了店主的热烈欢迎。这个推销员面对被扫地出门的处境,依然充分发挥自己的坚持精神,同时不断寻找突破的途径,把事情圆满地做好。

一个人要想取得成功就需要不断去努力,虽然有时候要经过许多失败。但你应该像长跑运动员那样,不断向前,坚持下去,也许你会勤奋地工作一生而一事无成,但是,如果不去勤奋地工作,你就肯定不会有成就。世界上的人之所以有强弱之分,究其原因是前者在接受命运挑战的时候会坚持下去,而后者向困境妥协。

任何成绩的取得、事业的成功,都源于人们不懈的努力和执着的探索追求;浅尝辄止、一曝十寒、朝三暮四的人,只能望着成功的彼岸慨叹,只能收获两手空空。胜者的生存方式就在于,懂得培养自己的恒心和毅力,并将它变成一种习惯,无论遭受多少挫折,仍坚持朝成功的顶端迈进,直至抵达为止。这样才能在激烈的社会竞争中取得不败之地。

【醒世箴言】

生活中许多事情表面看起来已经无法扭转,但是,只要我们坚持一段时间,并付出巨大的努力,往往就会看到"柳暗花明又一村"的结局。

信念的力量

鲁迅先生说过:"在前进时,也时时有人退伍,有人落荒,有人颓唐,有人叛变……愈到后来,这队伍也就愈为纯粹,只剩下充满信念的精英了。"人生是一段很长的路,这段路上我们要做的事情很多很多,有的只是工作中的小事,而有的却是儿时的梦想。但是不管事情大小,做事都要有信念,这是决定一个人成败与否的关键。

在生命的旅途中,各种挫折和困境是我们不可避免要遇到的。一切幸运并非没有烦恼,而一切厄运也绝非没有希望。只要心中秉持着信念的力量,坚定信念,人人都能获得发展。要知道怀有何种信念或思想,远比拥有才能更重要。

据专家们研究发现:信念的力量是惊人的,有时甚至可以创造"奇迹",可左右一个人的成败、得失、健康,甚至生死!

当年,韩国首尔的三丰百货大楼在一瞬间倒塌了。近千人在一刹那间被埋入瓦砾之下。在这场因"劣质施工"而造成的韩国历史上最大的惨案中,有458人死亡,950人受伤。

然而,就在这场无法逃避的浩劫中,有27人在超越了"死亡极限"后生还,在人类灾难史上创造了"首尔奇迹"。其中最典型的是"最后一名生还者"朴胜贤创造的"神话"。

这个在废墟中被埋了16天被困377个小时的人竟奇迹般地生还了!当医生给她做了紧急处理后,好奇地问:"你是靠什么来维持生

第五章 坚持

命的呢?"

她的回答竟然是——"没有吃过一点东西,没有喝过一滴水。"

恢复体力后的朴胜贤经过冷静总结后,向前来采访的记者谈了三点原因——

"首先,我有一个超乎寻常的信念:我绝不能死,我还年轻,我热爱生命。我不断地想起亲人、朋友,期盼自己活下去。此外,我相信我绝不会死,是因为深信营救人员一定在千方百计、竭尽全力地挖掘、寻找我。

"这样一想,我的心情反而平静了,开始想睡觉,我就顺其自然,让自己尽情地睡,一天睡多少小时已经无法知道,到后来便成为'昏睡'。

"在睡梦中,我会做许多奇奇怪怪的梦,但都不是噩梦。最奇怪的是,每当我饥渴难忍时,我总是会梦见一名憨厚善良的小和尚。他每次见到我,都送我一个我最爱吃的青苹果,又酸又甜的大苹果,我吃了以后,不饿也不渴了。"

漫漫人生之路,千回百转,崎岖坎坷。任何人冲破人生的难关,都需要信念的支撑。信念是什么?

数千年来,人类一直认为要在 4 分钟内跑完一英里是件不可能的事。然而,罗杰·班纳斯特就打破了这个信念的障碍。他之所以能创造这项佳绩,一是得益于体能上的苦练,二是归功于精神上的突破。在此之前,他曾在脑海里多次模拟 4 分钟跑完一英里,长久下来便形成了极为强烈的信念,因而对神经系统就如下了一道绝对命令——必须完成这项使命。他果然做到了大家都认为不可能的事。谁也没想到,在班纳斯特打破纪录后的两年里,竟然有近 4000 人进榜。所以,世人需要的是一股力量、一个追求、一种生的理由和信念。那么这些"朴

143

式经验"究竟有没有道理呢？据生理学专家在后来的一次讲演中对此做出如下解释——

"首先，顽强的求生信念确实是延长生存的一剂'最佳心理良药'。人类遇难史的许多事实都证明，其他情况都相同时，求生信念越强的人存活的时间越长。这是由于在严重威胁生命的环境中，强烈的求生信念作为一种'心理亢奋'，能够调节大脑中枢神经的强度，使细胞的'抗死亡'能力大大增强。

"其次，炽热的求生信念同'沉睡'相结合，会形成一种'最佳身心状态'。在'无食无水'的险境中，睡眠实际上是一种减少体能和营养消耗的最佳状态。

"最后，'梦中送果'则更是一种妙不可言的'无意识'求生技巧。这种梦境是在强烈信念的支配下，处于深睡的人奇妙的'潜意识'造成的，这种'欲望潜意识'的作用不可低估。'梦中送果'与'望梅止渴'有着异曲同工之妙。"

人们常说"一个人最大的敌人就是自己"，"其实谁也没法把你打倒，能打倒你的只有你自己"，所以每个人无论在什么情况下即使身处绝境也千万不要说自己不行，要相信自己，只有相信自己才能超越自己。

成功关键的第一步，就是要树立"必胜"的信念，从某种程度上说，高度的信念创造了整个世界。它是心灵最有力的触媒。当信念结合了思想时，潜意识立即接受其悸动，将它转化为精神上的对等力量，那么你就绝对不会轻易地认输，不会妄自菲薄，不会压抑自己的想法，你就会客观地分析你周围的环境，客观地分析逆境。

【醒世箴言】

一个人一旦有了信念，就会把信念与目标结合起来，才能越过

"火焰山",战胜眼前各种各样的风险,而连接信念与目标的,便是富有创造性的实践。

以恒心为友

随着社会的发展,人们生活水平的提高,人们的精神状态却与之发生背离,产生了各种各样的心理问题,这些问题不仅严重影响到他们的身心健康,而且还影响到他们的工作和生活。然而,心理问题终归是个人问题,社会并不会因为某个人出现了心理问题就止步不前,所以,在这些心理问题面前,每个人需要具备的并不是无所适从的心态,而是泰然处之的心态,每个人需要持有的并不是消极应对的态度,而是要不断提高自身的意志力。所以说,如果你希望成功,当以"恒心"为良友,只要你有勇气去追求,只要我们下决心有所改变,那么,你的梦想就会实现。凡是决心取得胜利的人,他们相信只有想不到,没有做不到,对于他们来说从来没有什么"不可能",只要你下定决心去做,就一定能做到。

普通人与成功者的不同之处,不在于缺少力量,不在于缺少知识,而是缺少意志。的确,在这个世界上,真正创造人生奇迹者乃人的意志之力。意志是人的最高领袖,意志是各种命令的发布者,当这些命令被完全执行时,意志的指导作用对世上每个人的价值将无法估量。

传说鹰是有两次生命的,一次是前40年,一般的鹰都可以活到,另一次是后30年,只有少数的鹰能活完。40岁的鹰已经是体态臃肿、苍老不堪,很多鹰到这个时候就收敛起锋芒,但是也有不认命的,它们用自己的喙猛力地啄击石头,直到旧喙完全脱落,新喙奇迹般地生长出来。苍鹰再用新喙把爪上的老皮啄掉,长出新的爪皮,使双爪变得更有力。苍鹰又用有力的双爪把全身羽毛抓掉,长出新羽毛。在此过程中,苍鹰承受着"凤凰涅槃"般的痛苦。之后,苍鹰得以冲破大限,获得第二次的生命。

从这个故事中,我们可以清楚地看到:在每一种追求中,作为成功的保证,与其说是才能,不如说是不屈不挠的意志。它是一个人性格特征中的核心力量,概言之,意志力就是人本身,是人生的真正脊梁,一旦从意志力上摧垮一个人,其人生也就变了。一个人能否战胜厄运、创造辉煌,完全取决于他是否赋予生命一种坚强的力量。当一个人拥有一种坚韧不拔的意志力时,他就不被外力所阻碍,不被流言飞语所伤,他就能最大限度地发挥潜能,向着一个梦想奔跑。因此说,很多人之所以没有取得成功,并不是因为这些人的运气差,原因在于他们缺少坚强的意志力,导致自己情绪低落,做事情也只能半途而废,自然会很难看到最后的成功。

俗话说,世上无难事,只怕有心人。这个"有心",就是有恒心,有了恒心,最难的事也做得成功。没有恒心,则将一事无成,最容易的事也会成为最难的事。

天下事最难的不过十分之一,能做成的有十分之九。想成就大事业的人,尤其要以"恒心"来成就,要以坚韧不拔的毅力、百折不挠的精神、排除纷繁复杂的耐性、坚固不变的气质,作为涵养恒心的要素。

美国罗得艾兰大学心理学教授詹姆斯·普罗斯把实现某种转变分为四步:

第五章 坚持

抵制——不愿意转变；

考虑——权衡转变的得失；

行动——培养意志力来实现转变；

坚持——用意志力来保持转变。

可见，意志力对于一个人的转变起着举足轻重的作用，不仅如此，在日常的学习和生活中，顽强的意志力也在伴随我们一路同行。也许有许多事情我们不能顺利地完成，但如果我们具有顽强的意志力，将这件事进行到底，我们就会受益匪浅。

"伟大的成功者，是那些在多数人因失败而摘下头盔时，仍勇于抵抗的人。"没有人可以一步登天，"一而再"的挫败正是成功路上的指路牌。"愈挫愈勇"是所有成功者的共同历程，也就是说，成功的唯一途径就是坚持不懈！要坚持提升自己。"坚持"的心态是在遇到坎坷的时候反映出来的心态，而不只是顺利的坚持，遇到"瓶颈"的时候还要坚持，直到突破"瓶颈"达到新的高峰。成功者绝不放弃，放弃者绝不成功。一个人成功与否，关键在于这个人有没有强烈的成功欲望，有没有不服输的精神。

【醒世箴言】

人生的愿望或人们设定的目标其实是恒心的一种表现形式。有了这种巨大的力量，人就会不断产生出新的力量，使人在遇到挫折和失败时，不轻易放弃，实现自己的人生理想。

用顽强的意志战胜人性的弱点

在牌局中，现在赢并不能代表以后你也会赢；同样，现在输也并不能代表你以后就会输。因为在牌局中需要运气、智谋、巧算等因素的共同作用。但人生的牌局却与它有些不同，纵然人生的牌局也需要运气、智谋、巧算等因素，但这些因素中，唯一与牌局相区别的就是"坚持"。因为，人生难以预测，相对于牌局来说，人生更加漫长一些。所以，人生中许多现在做不到的事，不一定将来做不到，现在能做到的事，不一定将来能做到，这是什么原因，就是因为很多人缺少一种力量——坚持。

中国台湾散文家林清玄写过这样一则故事。

上帝有一天心血来潮，来到他所创造的土地上散步，看到麦子结实累累，感到非常开心。一位农夫看到上帝，说："仁慈的上帝！在这50年来，我没有一天停止过祈祷，祈祷年年不要有大风雨，不要有冰雹，不要干旱，不要有虫害，可是不论我怎么祈祷，总不能样样如愿。"上帝回答："我创造了世界，也创造了风雨，创造了干旱，创造了蝗虫与鸟雀，我创造了不能如你所愿的世界。"

农夫突然跪下来，吻着上帝的脚："全能的主呀！您可不可以允诺我的请求，明年，只要一年的时间，不要大风雨、不要烈日干旱、不要有虫害？"上帝说："好吧，明年不管别人如何，一定如你所愿。"

第二年，这位农夫的田里果然结出许多麦穗，因为没有任何狂风暴雨、烈日与虫害，麦穗比平常多了一倍还多，农夫兴奋不已。

可等收获的时候，神奇的事情发生了。农夫的麦穗里竟是瘪瘪的，没有什么子粒。农夫含着眼泪跪下来，向上帝问道："仁慈的主，这是怎么一回事，您是不是搞错了什么？"上帝说："我没有搞错什么，因为你的麦子避开了所有的考验，麦子变得十分无能。对于一粒麦子，努力奋斗是不可避免的。一些风雨是必要的，烈日更是必要的，甚至蝗虫也是必要的，因为它们可以唤醒麦子内在的灵魂。"

人的灵魂也和麦子的灵魂一样，如果没有任何考验，人也只能是一个"空壳"而已，每一个人，从出生特别是少年以后，就开始面对各种考验，并开始收获——各种考验所带来的宝贵人生特质。如果拒绝来自现实的新一轮考验，实施幻想温煦的常态，那么他从一开始就输给了生活。

所以，每一个人都应该有坚强的意志力，如果没有这种能力，就像永远达不到沸点的水一样，那么靠着水的蒸汽来推动的火车也只会停在原地。

著名的成功学家拿破仑·希尔曾经这样解释过失败与挫折：

"这里，先让我们说明'失败'与'暂时挫折'之间的差别，且让我们看看，那种经常被视为是'失败'的事是否在实际上只不过是'暂时性的挫折'而已。还有，这种暂时性的挫折实际上就是一种幸福，因为它会使我们振作起来，调整我们的努力方向，使我们向着不同的但更美好的方向前进。"

所以说，人生的通道，往往是穿越卑微、困境和风雨而产生的。非凡者可以凭借考验抓住机会，最先觉醒、最先锤炼、最先成熟，然后运用"智慧"的能力，使自己变得更伟大。普通的麦子尚能昭示不普通的生物延续哲学；一个人经受了某些必要的考验、经历过某些可

贵的坚持，难道不能孕育出一些珍贵的人生积淀？

【醒世箴言】

如果没有这种毅力，也许你会凭着一时之勇跃过一两个坎坷，战胜一两个困难，但随着坎坷的增多，随着创业难度的增大，那一时之勇可能就会变成一蹶不振，再也爬不起来了。

第六章 行动

人生伟业的建立,不在于你有多么忙碌,而在于你是否能够行动,不在于你能知,乃在于能行。克雷洛夫说:"现实是此岸,理想是彼岸,中间隔着湍急的河流,行动则是架在河上的桥梁。"行动是产生结果的前提,行动是实现理想的助推器,行动更是一个人在转折处获得成功的保证。

100 次心动不如 1 次行动

在生活中，我们常常能看到这样一种人，一种是将自己置身于虚渺的幻想之中，而看不到一丝一毫行动的人，这样的人在人生的路途中，自然难以遇到转折，然而，这个问题看似人人皆知，但是，这个问题却没有引起人们的足够重视，因为当他们遇到失败的时候，他们总是习惯于将失败的原因归罪于外部因素，而不懂得审视自身的原因。这些人常常是一名幻想大师，对于一些看不见、摸不着的东西总是心存幻想，认为只要拥有想法就能实现人生理想，就能成为一个被人羡慕的人。然而，他们却忽略了一个重要的因素就是行动。

杰克·韦尔奇给年轻人的忠告是："如果你有一个梦想，或者决定做一件事，那么，就立刻行动起来。如果你只想不做，是不会有所收获的。要知道，100 次心动不如 1 次行动。"

所以说，"心想事成"这句话虽然本身是正确的，但是，并不能仅仅把想法停留在空想的世界中，而忘记将其落实到实际行动中，这样最终的结果只能是竹篮打水一场空。美国著名成功学大师马克·杰弗逊说："一次行动足以显示一个人的弱点和优点是什么，能够及时提醒此人找到人生的突破口。"只有行动才能改变自我、拯救自我，才能将自己的能力施展出来。所以，在人生的道路上，我们需要的是：行动起来，不要有任何的耽搁，用行动来实现自己的心动。这既是每一个成功者的必经之路，也是一条捷径。

第六章 行动

有两个人，他们都想成为天使，于是，他们相约一起去找上帝，请教如何才能成为天使。上帝对他们说："你们去一座大山考察一下吧，然后十年之后再回到这里。"

两人按照上帝的指示出发了，他们一路跋涉来到了山顶，然而，当他们走到山顶之后才发现，整座山居然连一棵树、一株草都没有，简直是寸草不生。于是，他们感到十分郁闷。其中一人在郁闷的心情中决定离开这里，最后愤然离去。而另一个虽然心情也十分不悦，但是，片刻之后，他发现邻近的山上一片绿野，心情顿时好了很多，于是，他决定留在这里，然后，他到邻近的山上采摘了各种各样的种子，将这些种子带回播到了荒山上。

十年在不知不觉间过去了，10年后的那一天两人如约来到上帝这里。上帝问他们山上的情况。

选择离开的人说："太超乎想象了，那座山竟然连一棵树、一株草都没有。"

留在山上的人说："刚刚来到那里的时候，那座山的确是一座荒山，但如今，这座山已经成了一座青山。"

"不可能，那里的确就是一座荒山，怎么可能变成青山呢？"离开的人说。

"荒山仅仅是一种暂时的现象，只要肯用行动去改造它，播上树种，它就会长满树；播上草种，它就会长满草。"

上帝听后，微笑着点点头，然后对留在荒山上的人说："你已经成为天使了。"

看！行动的力量就是如此。想要成为天使，你就要行动起来。这是一个奋斗的过程，这是一个创造价值的过程。

曾经有一个青年问"推销之神"的日本人原一平如何做好推销，他回答说："答案就在这里。"言毕，他脱下袜子，"你来摸一摸就知道了。"青年上前一摸，惊讶地说："这么厚的老茧！"

原一平严肃地说："没有什么秘密，只有坚持不懈的行动。"

所以，当你看到别人的成功而心生羡慕的时候，你首先应当扪心自问一下，你是否已经开始行动了。如果没有，那就马上开始行动吧！

第一，行动首先必须落实任务。

对行动的更深层次理解就是将任务落实下来。一个人既要学会给别人落实任务，也要学会给自己落实任务。因为任务是行动的方向。

第二，逐步实现目标。

为自己的行动设置一个提纲，然后，一步一步地去落实自己的目标，将其一个一个实现，这是行动的必要前提。因为，一个人如果没有规划，没有为自己的行动设定一个计划，这样，一个人往往就难以找到头绪，更不知从何下手，这样不仅降低工作的效率，而且也失去了信心和意志。

第三，透过表面看本质。

有的人对事物的看法仅仅是停留在表面上，然而，其实这是不正确的，因为这样所得出的结论往往是片面的，不准确的。所以，从本质来看事物，这样才是最正确的。

第四，执行力决定你的竞争力。

执行是目标与结果之间"缺失的一环"，是组织不能实现预定目标的主要原因。它不是简单的战术，而是一套通过提出问题、分析问题、采取行动的方式来实现目标的系统流程，是战略的一部分。

第六章　行动

第五，用乐观的态度善待麻烦。

当今社会，越来越快的工作节奏，打破了我们原有的生活节奏，甚至，也渐渐夺走了生活本身应有的快乐与舒适。因此，要在现代社会这样快节奏的工作中找寻生活固有的快乐，就需要我们花费点心思，就要在工作与生活之间认真地权衡、把握，改变我们对于工作的观念。因为，我们的工作毕竟是为了我们更好地生活。

第六，不要忽视细节。

一个计划目标的成败不仅仅取决于设计，更在于细节。如果细节做得不好，那么再好的设计，也只能是纸上蓝图。唯有细节做到位，才能完美地体现出设计的精妙，取得预期的效果。

也许你会说，大量的事务都是琐碎的、复杂的、细小的重复着。这些事情，做好了，不见得有什么成就，做坏了，却会使得其他工作受到连累，影响一直无法消除的话，就容易把大事搞垮。所以说，对大多数普通人而言，首先做好眼前岗位上的细节，给予所有问题最大程度的关注和效率，就是对自己人生最圆满的答复。

【醒世箴言】

没有行动，再好的想法、再多的激情、再完美的计划都是空中幻影、人间泡沫。只有行动才能将心动的想法转变为现实，从而实现自己的宏伟目标和远大理想。

高效行动,绝不拖延

有人说,一个高效的执行者不会等待万事俱备再动手。的确,我们每个人身上都肩负着种种责任。而首先,我们要对自己的人生负责。你选择怎样的生活,你现在所处的境遇,你是开心或是难过,首先要负责的是你自己。对我们自己的人生负责,对自己的失败负责,对自己的工作负责。

所以,一个人要养成完美的执行力以及在限定的时间内把握分分秒秒去完成任何一项任务的信心和信念。

美国钢铁大王卡内基以果断的执行力而闻名。

一次,一位年轻的支持者向卡内基提出了一项方案。在场的人全被这个方案吸引住了,虽然方案很好,但是,大家依然要经过考虑,然后再决定如何去做。然而,正当大家都在仔细思考这个方案时,卡内基却马上向华尔街拍电报,陈述了这个方案。

结果,投资人立即因为这个电文而拍板签约,而那些仔细考虑的人因为拖延时间而与这次机会无缘。

世间永远没有绝对完美的事,"万事俱备"只不过是"永远不可能做到"的代名词。卡内基之所以办事如此成功,就是因为他在长期训练中养成了"立即执行"的习惯。

很多时候,你若立即进入工作的主题,将会惊讶地发现,如果拿

第六章 行动

浪费在"万事俱备"上的时间和精力处理手中的工作，往往绰绰有余。

那么，是什么因素导致人们出现拖拉的心理呢？

1. 是害怕失败的心理，非常看重成功与否，总是过高地估计困难，不敢冒险，结果往往一事无成；

2. 是害怕得不到回报的心理，对自己所从事的工作不满意，不能精神振奋地做每一件事，认为自己做得不理想，觉得自己的工作毫无特色和意义，做了也没用；

3. 是消极对抗的心理，不敢直接表达自己的不满，于是回避冲突，用拖拉、懒散等方式来解决问题；

4. 是追求完美的心理，要做就要把工作做好，总是在等待那个最佳的时机到来，但万事俱备的时机，是很难遇到的。

拖延令自己不愉快的事情，拖延难办的事情，拖延难以定夺的事情。处于拖延状态的人，常常陷于一种恶性循环之中，这种恶性循环就是"拖延——低效率——情绪困扰——失败"。终结拖延的最有效的方法是给自己确定时间期限，先做喜欢的事情，保持对不喜欢工作的期待！

成功的人即使没有很明确的目标，行动也是非常快的，一旦开始就不会停止，成功简直就是一气呵成！即使因外力而中断，他们也具有"立即工作"的驱动力！

"立即行动"是建功立业、改变命运的秘诀之一。在此，我们可以应用"自我发动法"。自我发动法实际上就是一句自我激励警句："立即行动！"无论何时，当"立即行动"这个警句从你的下意识心理闪现到有意识心理时，你就该立即行动。

由此可见，无论现在你从事什么样的工作，要想获得成功，都需

要拥有立刻行动的精神。

在竞争激烈的今天，可以说，一个人的行动精神在很大程度上决定了这个人的存亡，每一个人的行动所带来的最直接的后果当然是自身不断发展，以及自身事业的成功。然而，我们也不可否认，在当今社会中，很多人缺少这种道德，他们整天懒懒散散、拖拖拉拉，这样的人其价值很微小的。而且，长此以往，你只能不断地后退。所以，要想达到和其他人一样优秀的人，就必须具备行动精神，这是一个弱者变得强大的重要方面，也是一个强者成功的重要方面。

【醒世箴言】

不要以为取得辉煌成就的人与常人相比有何过人之处，唯一的区别在于当机会到来时，就要付诸行动，决不迟疑，这就是成功的秘诀。

想成功，先行动

一个小男孩问上帝："一万年对你来说有多长？"上帝回答说："像一分钟。"

小男孩又问上帝说："一百万元对你来说有多少？"上帝回答说："像一元。"

小男孩再问上帝说："那你能给我一百万元吗？"上帝回答说："当然可以，只要你给我一分钟。"

这则寓言告诉我们，财富不是梦想，它要付出一定的代价和实践，

第六章　行动

天下没有免费的午餐，天上不会掉馅饼。追求财富就要在实际行动中实现梦想，先要有梦想，然后行动，最后才能梦想成真。

拿破仑·希尔把致富的过程总结为六大步骤：

第一，牢记你所渴望金钱的确切数目。

第二，决定一下，你要付出什么以求报偿。

第三，设定你想拥有所渴望金钱的确切日期。

第四，草拟实现渴望的确切计划，并且立即行动，不论你准备妥当与否，都要将计划付诸实施。

第五，简单明了地写下你想获得的金钱数目，以及获得这笔钱的时限。

第六，一天朗通两遍你写好的告白，早晨起床时念一遍，晚上睡觉前念一遍。

这六大步骤的核心就是要行动，任何伟大的财富梦想只有在行动中才会变为现实。

有一个叫张茗的女孩，从一所美术学院毕业后移民去了德国。在德国，她遇到了一个卖白色瓷瓶的女老板，发现她的产品质量和做工都不差，但却无人问津。回来后，她仔细琢磨其中的原因，发现，如果能在"光瓶"上弄个时尚、漂亮的手绘图案，这样就更完美了！

于是，她买来一堆颜料后，就进行了一个有趣的设计：让两只瓷瓶构成一只卷毛狮子狗的图案，加上闪粉及闪片的效果，不仅非常华丽，还神气十足！

没想到，几天后一帮衣着光鲜的时尚女孩就找上门来，纷纷请她做"酷瓶"。张茗逐个询问了她们的爱好，并有针对性地设计了多种个性图案。

3天后，14只精美绝伦的"个性瓶子"摆在了美女们面前，千姿百态，时尚至极。张茗的小木屋里热闹得像"瓶秀"表演一般！仅仅3天时间就赚了1274欧元，折合成人民币将近1.3万元！

张茗忽然产生了一个大胆的想法：既然人们如此崇尚个性，自己何不开家"个性瓶店"，专门出售手绘时尚瓶呢？有了这个想法后，她很快就租了一个面积30多平方米的小店，装修是东方式的，门前悬挂的一对大红灯笼，不仅突出了民族特色，而且十分吸引洋人的眼球。她绘制的那批图案绚丽多彩又各具特色的"酷瓶"刚摆上小店的橱窗，马上吸引了一大批金发碧眼的时髦女郎。

个性瓷瓶推入市场后，它独具诱惑的魅力很快成为一种流行时尚，受到大批德国女性的超级喜爱。仅2001年这一年，张茗就赚了20多万欧元。尽管"兼职画工"从最初的8人增加到了30多人，但"酷瓶"仍供不应求。后来，张茗同国内几家陶瓷企业一联系，有两家陶瓷厂当场就表示很感兴趣，只要交些订金就行。仅仅几天时间，对方的业务代表就带着样品飞到柏林，亲自与她签约。

张茗的成功证明了，行动就是力量！唯有行动才可以改变你的命运！

所以，要想实现财富梦想，就要具备以下几点：

第一，要有经济意识，有成功的梦想。现代人的观念不同于过去，经济社会的突出特点就是让人们都去努力成功，经济意识一定要树立起来，要有成功的梦想和渴望，头脑里有这种准备，才有机会让你成功。没有准备，你就永远不会有成功的可能。

第二，要有具体的行动。任何梦想都是在行动中才有可能变为现实，有了成功的梦想就要付诸行动，就要按自己的设想去做、去努力。

第六章　行动

不行动的人是不会成功的。这种行动不是盲目的，也不是轻率的，而是有计划的，有具体步骤的，是切实可行的。

第三，要有冒险的精神。想成功就要有冒险精神，因为你的想法要超出别人，才有可能获得胜利，如果你的想法与别人的一样，你就不会成功。

冒险就是你要在别人不敢做某事时，你就大胆地去做，当别人看不见希望的时候，你却看见了成功的希望。

第四，要有不怕失败，能经受挫折的坚强意志。谁都不可能一次就能成功，赚钱有时候容易，有时候就会很难，当你面对失败和挫折时只要坚持不懈地努力就一定会有收获的。关键是你要认准自己的道路是正确的，你的想法具有可行性，你就应该坚持不懈。

第五，要有全球意识。现代经济现象已经不是个别地区的现象，而是一个全球现象，你要想赚钱，眼光就不能只盯在自己的眼皮底下，要有全球意识，这样你才能够走在经济发展的前沿，你才能在别人还没有行动之前就已经做好了准备，你就有了成功的机会。

第六，要有创新精神。创新就是要摆脱传统的影响，不受现有方式的局限，敢于使用别人没有使用过的方法去做自己的事情。不论是在科学领域，还是在经济领域，甚至在生活领域，敢于创新的人才有可能获得成功。

【醒世箴言】

要成功，快行动，不要怕，先迈出一小步，然后再迈出一大步。行动才会产生结果，行动是成功的保证。

心动不如行动

成功的秘诀就是"行动",自我行动法则实际上就是一种自我激励。立即行动,世上没有救世主,全靠我们自己。等待不会带来好的结果,只有行动才能有好运。

在森林,阳光明媚,鸟儿欢快地歌唱,辛勤地劳动。其中有一只寒号鸟,有着一身漂亮的羽毛和嘹亮的歌喉。它到处游荡卖弄自己的羽毛和嗓子,看到别人辛勤地劳动,它总是嘲笑不已。好心的鸟儿提醒它说:"寒号鸟,快垒个窝吧!不然冬天来了怎么过呢?"

寒号鸟轻蔑地说:"冬天还早呢?着什么急呢!趁着今天大好时光,快快乐乐地玩玩吧!"

就这样,日复一日,冬天眨眼就到来了。鸟儿们晚上都在自己暖和的窝里安乐地休息,而寒号鸟却在夜间的寒风里,冻得瑟瑟发抖,用美丽的歌喉悔恨过去,哀叫未来:"哆啰啰,哆啰啰,寒风冻死我,明天就垒窝。"第二天,太阳出来了,万物苏醒了。沐浴在阳光中,寒号鸟好不得意,完全忘记了昨天晚上的痛苦,又快乐地歌唱起来。

有鸟儿劝它:"快垒窝吧!不然晚上你又要发抖了。"

寒号鸟嘲笑地说:"不会享受的家伙。"

晚上又来临了,寒号鸟又重复着昨天晚上一样的事。就这样重复了一段时间,有一天晚上,大雪突然降临,鸟儿们奇怪寒号鸟怎么不发出叫声了呢?太阳一出来,大家寻找一看,寒号鸟早已被冻死了。

第六章 行动

这则寓言告诉我们，今天是多么重要，是你最有权利使用或最容易被挥霍的。寄希望于明天的人，会导致一事无成。今天你把事情推到明天，明天你就把事情推到后天，一而再、再而三，事情永远没个完。只有那些懂得如何利用"今天"的人，才会在"今天"之中成就事业，孕育明天的希望。

德谟斯特斯是古希腊的雄辩家，有人曾经问他雄辩之术首先要做的是什么？

他说："行动。"

"第二点呢？""行动。"

"第三点呢？""仍然是行动。"

人有两种能力——思维能力和行动能力，没有达到自己的目标，往往不是因为思维能力，而是因为行动能力。

在成功人的眼中，思想与行动同等重要。如果你每天都在想着做什么，而不付诸实际行动，那只能是空想，永远也不会成功。

在海尔集团的一次中层干部会议上，首席执行官张瑞敏提出了这样一个问题："石头怎样才能漂在水面上？"反馈回来的答案五花八门，但都被否定了。最后，终于有人站起来回答："速度。"张瑞敏脸上露出满意的笑容："正确！《孙子兵法》上说：'激水之疾，至于漂石，势也。'速度决定了石头能否漂起来。"

对于任何人，速度都是至关重要的。

"立即行动"是建功立业，改变命运的秘诀之一。在此，我们可以应用"自我发动法"。自我发动法实际上就是一句自我激励警句："立即行动！"无论何时，当"立即行动"这个警句从你的下意识心里闪现到有意识心理时，你就该立即行动。

许多人都有拖延的习惯。由于这种习惯，他们可能出门误车，上班迟到，或者更严重的——失去可能更好地改变他们整个生活进程的良机。没有别的什么习惯，比拖延更为有害；更没有别的什么习惯，比拖延更能使人懈怠、更能削弱人们的能力。

我们都应该极力避免养成拖延的恶习。受到拖延引诱的时候，要振作精神去做，先做最容易的，而后做困难的，并且坚持做下去。这样，自然就会克服拖延的恶习。拖延往往是最可怕的敌人，它是时间的"窃贼"，它还会损坏人的品格，破坏好的机运，掠夺人的自由，使人成为它的奴隶。

要改变拖延的恶习，唯一的方法就是立即采取行动。要知道，多拖延一分，工作就难做一分。

"立即行动"是成功者的习惯，只有"立即行动"，才能将人们从拖延的恶习中拯救出来。也就是说，速度可以克服自己的弱点，速度可以创造人生奇迹。

我们为什么从早到晚这样忙碌不堪，而收效甚微呢？因为你的做事方式使你无法控制自己的时间和精力。所以，你毫无效率可言。要知道，在我们的人生道路上，没有人会为你等待，没有机会会为你停留，只有与时间赛跑，才有可能赢。加油吧，速度决定一切！

【醒世箴言】

"过去"犹如一面镜子，它足以令我们认清自己以免重蹈覆辙；"未来"是"现在"努力的导向与终结。只有"现在"才是我们可以采取行动的唯一时间。

第六章　行动

成功属于果断的人

有人说，人的欲望是无法满足的，而机会却稍纵即逝。的确，机会绝不会落在那些犹豫不决的人身上。所以，要把握住机会，就要果断一点。

成功的人是果断的人。当机会来临时，他们小心评估，作出决定，并采取合适的行动。他们知道：优柔寡断可能占用其他正式的工作时间。他们借由逐步实行决定，来免去不必要的危机，而不会在一开始就已经做好所有的决定。

美国智者富兰克林曾经用一种简易的方法，来帮助自己完成困难的决定：他在一张纸的中央画上一条直线，在一边列出所有支持此决定的原因，另一边则列出反对的原因。这张表除了可以简化决定过程，也呈现了"决定"的优缺点，减少其复杂性。这么一来，"决定"所造成的影响，就可以又快又轻易地评估出来了。

行动出错所带来的危害远不如行事犹豫所带来的危害大。有的人总是打不定主意，需要别人敦促。很多时候这并不是由于他们缺乏明断力，而是由于他们办事拖拉，因为他们实际上是相当明察的人。能够看得清困难所在，可以算得上"精明"，但如果"避难"有方，才算是"真正的精明"。另有一些人，绝不会为人和事务所阻碍，他们具有高超的判断和坚强的决心，他们生来就是要做高尚的事业，他们明察善断，使他们能轻易获得成功，他们总是"言必信，行必果"，他们对自己的运气很有把握，所以能以更大的信心再创辉煌。

凡事都要果断。一切的失败，都可以从拖延、犹豫不决和恐惧中找到答案。"果断"二字，看似简单，做起来很难。在没有想好对策之前，犹豫不决还可以理解，想清楚了还在犹豫，这就是失败的一大原因。

想做任何事情，立刻去做！当"立即行动"在潜意识中浮现，就要立刻付诸行动，不要让"犹豫不决"拖垮你的信心和勇气。任何事业的成功都是从"立即行动"中来的。

从小的事情开始，平时就要养成一个良好的习惯，无论任何时候，只要有了想法，立即行动！只有养成了"习惯"以后，才能在机会一出现的时候，就立即行动。

假如你谈过恋爱，你可能就更有体会。你可能一直喜欢某个人，却由于你所能想到的许多原因而一拖再拖，但是当你一旦下定决心认定这个人的时候，可能这个"他"已经成为了别人的那个"他"了。当"立即行动"在潜意识中浮现，就立刻去追求。

虽然到处都有机会，但机会却稍纵即逝，如果你不能迅速作出决定，即使已发现机会，机会还是会离你而去。很多人之所以徒然看着机会一个个从眼前溜走，就是因为瞻前顾后，犹豫不决。优柔寡断只能加重你对自己能力的怀疑，致使自己永远停留在原来的位置，这是成功途中的一大障碍。

几个学生向苏格拉底请教时间的真谛。苏格拉底没说什么，而是把他们带到果林边。当时正是果实成熟的季节，树枝上挂满了沉甸甸的果实。苏格拉底对那些学生说："你们各自顺着一行果树，从林子这头走到那头，每人摘一个自己认为最大、最好的果子，不许走回

第六章　行动

头路。"

学生们出发了。每个人都在果林中十分认真地选择着自己认为最大、最好的果子。等他们到达果林的另一端时，老师已站在那里，等候着他们。

"你们都选择到自己满意的果子了吧?"苏格拉底问。

学生们你看看我，我看看你，没有一个肯回答。

"怎么啦，孩子们，你们对自己的选择满意吗?"见他们不吭声，苏格拉底又问了一句。

忽然，一个学生请求说："老师，让我再回头选择一次吧！我刚走进果林时，就发现了一个很大、很好的果子。当时我既想摘又想等前面会有一个更大、更好的，可当我走到林子的尽头后，才发现再没有一个果子比第一次看见的更大、更好了。我能不能回去摘下那个最大、最好的果实?"

其他学生也纷纷请求再选择一次。

苏格拉底摇了摇头："孩子们，没有第二次选择，人生就是如此。"

一个人如果他在想法产生时，没有立即去做，可能就会因为一再犹豫，无疾而终。因为信心是需要坚持的，更需要在行动中坚定。如果你一再犹豫，等所有的恐惧袭上心头的时候，那所有成功的动因，就都不会再起作用了。

迅速做决定是一种好习惯。属于成功类型的人，下决心时都十分果断，决策既明确又快速，不管外在环境多么恶劣，都不轻易更改，而那些失败者的特征则是容易受他人影响，经常踌躇犹豫、难做决定或者轻易更改决定。

记住，成功属于果断的人！

立即行动！可以应用在人生每一个阶段的各个方面。帮助你做自己应该做却不想做的事情；让你对不愉快的工作不再拖延，抓住稍纵即逝的宝贵时机，实现梦想。

【醒世箴言】

在这个快速变化的世界里，那些做事慢吞吞的人，根本无法跟上时代的步调。许多足以改变命运的契机，都与他们失之交臂。人生没有回头路，该出手时就出手。

拖延是成功的大敌

"眼睛一闭一睁，一天儿过去了；眼睛一闭不睁，一辈子过去了……"这是中央电视台春节联欢晚会小品节目《不差钱》中小沈阳的经典台词。大笑之余，又不免令人有些伤感，感叹时光流逝，感叹岁月无情。还有人套用这句台词，来形容上班一族："这上班时间可短暂了，电脑一开一关，一天就过去了。"是啊，明日复明日，明日何其多，我生待明日，万事成蹉跎。在我们的生活中，很难找到大块的时间让我们专心去做某件事。解决这个问题还有其他的途径。例如，公休时间、一早一晚，等等，都可以使我们去完成。时间是挤出来的，不是等出来的。

人的一生中，有很多好计划没有实现，就是因为应该说"我现在就去做,马上开始"的时候,却说"我将来有一天会开始去做"。"现在"这个词对成功的妙用无穷,而用"明天""下个礼拜""以后""将来某个时候"或"有一天",往往就是"永远做不到"的同义词。

由于拖延的恶习已经深入了许多人的骨髓,所以,那些人无论做什么事,总是留着一条退路,从没有"破釜沉舟"的勇气。人如果下定了决心,便会有坚强的信念,破除犹豫不决的恶习,把世界给予人类的因循守旧、苟且偷生等最大的窃贼,一齐捆缚起来。

事事因循苟且而等待将来,确实是个恶习。如果你有这恶习,请速将其抛弃。无论问题多么困难,都应该把它放在面前,考虑解决,绝不可任其延误、耽搁。

许多人往往在开始做事的时候便留着一条后路,作为遭遇困难时的退路,这样哪能成就伟大的事业?

某一天,李经理准备到办公室着手草拟下一年度的部门工作计划。

他9点整走进办公室,突然想到不如先将办公室整理一下,以便在进行重要的工作之前为自己提供一个干净舒适的环境。他总共花了30分钟的时间,很快他的办公环境就变得干干净净,于是他面露得意之色,随手点了一支香烟,稍作休息。此时,他无意中发现一本杂志上的彩色图片十分吸引人,便情不自禁地拿起来翻阅。

等他把杂志放回架上,已经10点钟了。这时他虽略感时间流逝带来的不自在,不过转念一想,欣赏也是一种生活的调节呀,这样一想,他才稍觉心安。接着,他静下心来准备埋头工作。

就在这个时候,他的手机响了,是他女朋友来的电话。于是他又和她在电话里聊了一阵,他感到精神不错,满以为可以开始着手工作了。可是,一看表,已经10:45了!距离11点的午餐只剩下15分钟。

他想：反正这么短的时间内也办不了什么事，不如干脆把计划内的工作留到下午算了。

　　一个人一生的时间是有限的，况且每天要完成的工作又很多，这就要求我们必须学会善待时间，学会抓住时间，充分利用时间，合理地安排工作日程。

　　绝无退路的军队，才能决战制胜。所以无论做什么事，必须抱着破釜沉舟的决心，勇往直前，遇到任何障碍都不能后退，若是立志不坚，遇难便退，那绝不会有成功的一日。

　　一生的成败，全系于意志力的强弱。意志力坚强的人，遇到任何艰难险阻，都能排除万难，去除障碍，玉汝于成。而意志薄弱者，一遇挫折，便颓丧退缩，导致失败。

　　实际生活中有许多意志薄弱的青年，他们很希望上进，只是没有坚强的决心，没有破釜沉舟的信念，一遇挫折立即后退。

　　好多人怕决断事情，不敢负责任。之所以如此，是因为不知道事情的结果怎样。他们害怕如果今天决断了一件事情，也许明天会有更好的事情发生，以致对于第一个决断产生懊悔。许多惯于犹豫者，不敢相信他们自己能解决重要的事情，许多人因犹豫不决，破坏了他们美好的理想。

　　决断迅速的人，难免要发生错误，可是，毕竟比一些犹豫者好得多，因为，做事犹豫者根本不敢开始工作。

　　当"犹豫不决"这个阴险的仇敌还没有伤害到你的力量，破坏你求生的机会之前，就要即刻把它置于死地，不要等到明天，今天就该开始。要逼着自己常去练习坚定的决断，事情简单时更须立刻决断，切不要犹豫。陷入进退两难的地步，更要竭其全力来打开出路。

第六章　行动

　　伟人是创造出来的,他们为了战胜一切困难克服种种艰苦,才发挥他们极大的力量,成为名垂青史的人。

　　许多伟人,起先所做的事一点没有表现出超强能力,直到厄运毁灭了他们的事业,把他们所依赖的谋生方式夺去以后,才发挥出真正的力量。

　　有好多人,一定要等到他们的才干消失以后,才能表现出他们的潜在才干。人的力量往往就潜伏在里面,到了需要表现时,才会激发出来。

　　人只有当破釜沉舟、后路断绝、没有外力扶助的时候才能激发潜在的能力。当有外力扶助的时候,就不知道自己的力量。有许多人,他们之所以成功,要归功于"厄运"使他们丧失了扶助者,如亲属的死亡或失散;或是失去职业;或是遇到了灾祸……于是他们只有靠自己,被迫去为自己奋斗!

　　因为失去了依靠,被迫奋斗的人便养成了刚毅果敢的独立性。这种独立性,是在依靠他人生活时他们从未梦想得到的。

　　责任,乃是能力的最大激发者,没有责任心的人,永远不会焕发真正的力量。有许多身体强健的青年,都处于平庸的地位,替人工作,他们之所以老是处于这样的地位,是因为没有重大的责任来激发他们的力量。他们只是依照着别人的规划去做,从不别出心裁地表现自己的才能。

　　当你把重担放在肩头,便会精神焕发,运用自己固有的能力完成任务,其他如自信、刚毅等特性,也都能为责任所激发。当责任临头的时候,快乐地欢迎它吧,它是使你成功的绝好机会。

　　犹豫不决,实在影响人格的建立,它不仅使勇气消失,意志消沉,而且破坏自信力和判断力,破坏理智的效能。

犹豫不决，就像一艘船，永远漂流在狂风暴雨的深海里面，永远到达不了目的地，这样下去，任何人都无法冲破人生的难关！

【醒世箴言】

这个世界上永恒的只有时间，所以从某种意义上说竞争的实质，就是时间的竞争。如果你懂得抢先一步，把主动权先握在自己手里，那么胜利就属于你了。

想到不等于做到

那些能左右命运的人的最大特点就是敢想敢做，敢想可以使一个人的潜力发挥到极点，敢想使人全速前进而无后顾之忧。凡是能排除所有障碍的人，常常会屡建奇功或有意想不到的收获。

不要抱怨自己的命运不好，行动就是力量。唯有行动才可以改变你的命运。十个空洞的幻想不如一个实际的行动。我们总是在憧憬，有计划而不去执行，其结果只能是一无所有。成功，一定要敢想，而且更要敢做！

来自英国和美国的两个年轻人一同搭船到异国闯天下，他们下了码头后，看着海上的豪华游艇从面前缓缓而过，两人都非常羡慕。英国人对美国人说："如果有一天我也能拥有这么一艘船，那该有多好。"美国人也点头表示同意。

吃午饭的时间到了，他们都觉得肚子有些饿了，两人四处看了看，

第六章 行动

发现有一个快餐车旁围了好多人，生意似乎不错。英国人就对美国人说："我们不如也来做快餐的生意吧！"美国人说："嗯！这主意似乎是不错。可是你看旁边的咖啡厅生意也很好，不如再看看吧！"两人没有统一意见，于是就此各奔东西了。

握手言别后，英国人马上选择一个不错的地点，把所有的钱投资做快餐。他不断努力，经过十二年的苦心经营，已经拥有了很多家快餐连锁店，积累了一大笔钱财，他为自己买了一艘游艇，实现了他自己的梦想。

这一天，他驾着游艇出去游玩，发现了一个衣衫褴褛的男子从远处走了过来，那人就是当年与他一起来闯天下的美国人马克。他兴奋地问马克："这十几年你都在做些什么？"马克回答说："8年间，我每时每刻都在想，我到底该做什么呢！"

在生活中，真正的问题不在于我们得到了什么，而在于我们做了什么。光有远大的理想是不行的，还要付诸行动，否则理想就是空想。

在我们的周围，你随处都可看见一些雄心勃勃、渴望成功的人。有人幻想着自己有朝一日能够暴富，跻身于世界富豪之列；有人幻想自己能够在某个领域大展宏图，成为世界知名人士；有人幻想自己用三年时间就弄个大公司的总经理当当，享受一下成功的滋味；有人买了某种股票，幻想着它每天都能涨，好飞速地成为亿万富翁……

是的，成功需要幻想，上述种种也不是绝对没有可能。但对我们大多数人来说，要成功需要幻想，同时更要付诸行动，要通过自己的努力工作来改变自己的命运，实现我们的理想。如果我们只是沉浸在不切实际的幻想之中，梦想着天上掉馅饼，而不是脚踏实地地去学习、工作，只恐怕幻想永远都是幻想，永远也不会变为现实。因为我们的

173

雄心哲学，即"工夫不负有心人""功到自然成"，正所谓一分耕耘，一分收获。

成功者不是夸夸其谈的口头革命家，他总是带着美好的愿望去生活，通过自己的行动，把愿望变成现实；所以你要想人生成功，不光是要有理想，还要付诸行动。

成功的喜悦不在结果，而在于达到结果的过程，这个过程就是行动的过程，人只有在行动的过程中，才能享受创造成功的快乐。我们很多人对生活都有一种良好的愿望，但是并没有把这种愿望变成现实，原因就是只想着结果，没有看到产生这个结果的过程。我们只看到布什当了总统，而忽略了他当总统的全部过程，这个过程是漫长的、是艰苦的、是琐碎的，不经过这个过程，他是实现不了当总统的愿望的。如果我们每个人都能够按照这个过程去行动，就都有可能当上总统。

任何一个愿望都有实现的可能，把这个可能变成现实就需要你付出艰苦的劳动，没有付出就不会有结果。很多人不付出劳动这个代价，只好让愿望成为泡影。

行动是很实际的一件事情，你要制订行动的计划，你要学会行动的方法，你得一件一件地去做，就像愚公移山一样，每天挖山不止，最后才能够搬走阻碍你向前的大山。

任何人都可以空想，但是把空想变成现实，就需要有实际行动。为什么很多人只空想而不行动呢？因为他们仅仅停留在了幻想的程度，而忽略了行动，就是这些想象挡住了这些人成功的道路。

【醒世箴言】

人生所有的设想和计划只有付诸行动才会有可能变为现实，不管是多么伟大的构想，如果不做就不会给自己和他人带来什么收获，所以，人生的关键就是行动。

等待难以实现理想

在人生的征途上，需要携带的东西很多，但有一样东西千万别遗忘，那就是梦想。有梦想的人才能走得更远。

每个人都有事业和财富的梦想，但大多数人仅止于梦想。一个人与其坐等别人把饭喂到自己口中，不如奋力用双手去博取。所有的人都能梦想成真，但不是依靠梦想就能成功，不是光凭运气就能成功，也不是依靠他人就能成功。成功是一串看得见的努力，成功是独立不懈地拼搏。

成功就在我们周围，为什么有的人抓得住，有的人抓不住？这其中有何奥秘？一个人并不缺乏机会，关键是除了梦想，你还有没有行动！世上没有救世主，一切事全得靠我们自己，要立即行动，等待不会带来好的结果，只有行动才能产生奇迹。

生命中充满了许多机会，足以使你功成名就或一蹶不振。是否要主动争取，好好利用机会，就得看你自己的决定了，除非你付诸行动，否则你将注定平庸一生。所以，别再拖延，现在就动手吧！

很多人的失败不是因为没有信心而跌倒，而是因为不能把信念化做行动，并且不顾一切地坚持到底。

在现实生活中，不同的人对行动有不同的理解，不同的人会有不同的行动。遗憾的是，许多人会等到事情不能再拖之时才去行动。有的人则以积极的姿态积极行动，后者才是具有实在意义的行动。

把今天应该做的事情拖到明天去做，结果往往是明天也做不到，因为"明天再做"的想法已经深深根植于我们的大脑。真正到了明天，我们也许会想，反正还有"明天"呢。实际上，"明天的明天"还有许多新的事情要做。如此一来，我们就会旧账未清，又添新债。

同样都是行动，但由于行动态度、行动方式的不同，就会产生两种截然不同的结果。

汉斯与邦德是非常要好的朋友。几年前，两人看到本地的人们开始摆脱过去那种自给自足的生活方式，穿鞋戴帽都趋向了商品化。于是，两人决定每人办一家服装厂。汉斯说干就干，立即行动起来。没用多长时间，就将产品推向了市场。

而邦德却多了个心眼，他想先看看汉斯的服装厂效益怎么样，因此没有行动。

汉斯的服装厂开办不久，确实遇到了很大困难：市场打不开，产品滞销，资金周转不灵，工资不能按时发放，工人的积极性下降……见此情况，邦德心中暗自庆幸自己没有盲目行动，否则也会陷入困境。

但是顽强的汉斯没有在困难面前倒下，他针对困难一一想出解决办法。一年后，他的服装厂终于渡过难关，利润滚滚而来。

看到汉斯的腰包一天天鼓起来，邦德后悔莫及。于是，他也开办了一家服装厂，但已为时已晚。由于早办了一年，汉斯赢得了众多客户和广阔市场，而邦德的客户寥寥无几。几年之后，汉斯的营销网络遍及美国各地，拥有数亿元资产。邦德的服装厂却只能为朋友的鞋厂进行加工，资产更是少得可怜。

这两位朋友同时看到了机会,但汉斯马上行动,占尽先机;邦德却犹豫观望,坐失良机,最后走上两条不同的人生轨道。

如果你一直在想而不去做的话,根本成就不了任何事。

每一个成功的人士都是在最短的时间采取最有效率而且大量的行动。

古希腊哲学家苏格拉底说:"要使世界动,一定要自己先动。"一个成熟的人,就是一个不需别人提醒也能够自觉、主动行动的人;而那些驴子拉磨似的人,那些当一天和尚撞一天钟的人,那些拖拖拉拉,不求有功、但求无过的人,注定只能原地踏步,甚至被时代解雇,被职场拒签。

立即行动,永远不要等待。在工作生活中,我们一定要做一个积极主动的人。

不同的态度产生不同的结果。有许多被动的人平庸一辈子,是因为他们一定要等到每一件事情都百分之百的有利、万无一失以后才去做。当然,我们必须追求完美,但是人间的事情没有一件绝对完美或接近完美。等到所有的条件都完美以后才去做,只能永远等下去了。

摆脱拖延,养成立即行动的习惯,我们才能把握命运。

【醒世箴言】

不管你现在决定做什么事,不管你设定了多少目标,你一定不要拖延,必须立刻行动,唯有行动才能使你成功。

大胆出手，才能击败平庸

有个成语叫"鹤立鸡群"，其意思每个人都懂，但它所揭示的做人道理，却未必人人都悟得透：一切都是相对的，重要的是参照物，既然大家都一般齐，如果你能大胆出手，那么你就能击败平庸，成为佼佼者。

"大胆出手"不等于胆大妄为，更不等于违法乱纪。它有两层意思，一是指人必须有冒险精神，必须敢于去做，一味地畏首畏尾永远不可能成功；二是指我们在追求目标的过程中，要勇敢地面对各种挫折与失败，不可半途而废，应该愈挫愈奋，不达目标誓不罢休。然而这两点也正是成功人士所具备的特质，两者缺一不可。

一生中，我们拥有许许多多选择人生的机会，就像一次冒险的旅程，这个旅程能否获得收获，关键在于你是否敢于大胆出手，并决心为之坚持到底。

人人都渴望成功，但是成功却并不能被每个人分享。原因之一就是因为很多人淡化了冒险精神，所以注定他们只能平庸。

有人做过这样一个实验：有4只猴子被关在一个密闭的房间里，每天只喂它们极少的东西，猴子们饿得叫了起来。几天之后，做实验的人在猴子的密闭房间中的小洞里放了一串香蕉，一只饥饿难耐的猴子飞快地向前冲去，然而在它还没有得到香蕉时，却被预设机关泼出的热水烫得遍体鳞伤，结果这只猴子只能舍弃香蕉，灰溜溜地回来了。

第六章 行动

后来，其他的几只猴子也去拿香蕉，但它们得到了与那个猴子同样的结局。

几天之后，实验者又放进房间一只新猴子。当这只猴子也饥饿难耐，正想尝试去拿香蕉吃时，却立刻被其他的猴子拦住了，它们告诉它，那里很危险，自己已经吃过亏了，它不能再走它们的路了。结果可想而知，这只猴子听取了其他猴子的忠告。

后来实验员又换进一只猴子，当这只猴子想吃香蕉时，所有的猴子仍然像上次那样，出来阻止。

但这只猴子没有听其他猴子的劝阻，而是勇敢地去拿香蕉，当然它并没有采取以上猴子的那些做法去拿香蕉，而是先捡起了一个干枯坠落的香蕉皮，接着把这个香蕉皮抛向那个被吊着的香蕉，这样机关就先打开喷出了热水，然后这只小猴子再爬上去，最后它拿到了香蕉，美美地吃了起来。

最终实验员不得不为这只有勇有谋、敢于冒险的猴子感到惊叹！

其实有些人也与那些没有拿到香蕉的猴子一样，总是被困难吓倒，不敢冒险前进，最终难以取得收获，而只有能排除所有障碍，勇于冒险前进的人，才会屡建奇功，才会得到意想不到的收获。所以说，当你很清楚自己想要什么的时候就要大胆去做。

在现代社会，人们应当具备冒险精神，冒险精神是一个人活动必不可少的心理条件。如果缺乏冒险精神，只想轻松地过日子、简单地生活，即使这个人有再高的才华也上升不到创造性水平，也终究会被淘汰，只有勇敢向前，敢于冒险的人才能打破平庸，有所收获。

当今时代，是否具有冒险精神，是一个人、一个企业乃至一个民族是否能够有所突破的关键，是否具有改变现状的一个重要心理特征。

从认识规律和人类社会发展的实践来看，做事需要冒险，没有冒

179

险就不能突破平庸。在新的环境下,我们要冲破怕担风险一味求稳的保守心理,大力提倡冒险精神,才能在激烈的竞争中脱颖而出。

的确,生活需要冒险精神!身居新时代的每一个人,更应该正视风险,可以善于化解风险;敢于搏击风险,又能聪明地避开风险。这样,我们会生活得更快乐、更坦荡、更坚强、更精彩。

【醒世箴言】

生命最伟大的意义在于冒险、不断地冒险,在于不断进取,在一波接一波的创业与投资浪潮中,傲立潮头者永远属于那些跳入大浪之中勇敢搏击者!

第七章　逆境

罗曼·罗兰说过："生活这把犁，它一面犁碎了你的心，一面掘开了生命的起点。"要想告别平庸，成为一个有所作为的人，就要有永不绝望的信念。人总是要在挫折中学习，在苦难中成长。要知道"雄鹰的展翅高飞，是离不开最初的跌跌撞撞的"。所以，遇到挫折无须忧伤，从逆境中走出，我们才会变得更加踏实、更加智慧。

挫折是成功的起点

在通往成功的道路上并不是一帆风顺的，会有许多的挫折发生，如果没有一个正确的认识，那么通往成功的路将遥遥无期，穷尽一生也无法到达。

对于挫折，我们应该以什么样的态度去对待呢？

民间有句谚语是："从跌跤中学会走路。"这就揭示了一个对待挫折的态度，一个人成长起来是需要经历无数的挫折，就像一个小孩要学会走路是经过无数次摔跤的结果。在通向成功之路上，我们就是学习走路的小孩，需要在摔倒中成长。菲里浦斯说："什么叫作失败？失败是到达较佳境地的第一步。"如果失败是成功之母的话，那么挫折和逆境就是成功的起点。

我们可能会面对种种的挫折，如生意上的失利、工作中的失误、家庭中的不幸、爱情中的苦闷、友情上的折磨和疾病的缠绕，有的人会怨声载道，痛苦不堪；有的人会一笑置之，不予理会，这些人感谢挫折，因为他们清楚，生活中处处都存在磨难，这种挫折、这种磨难会造就他们的成功，他们深深地知道，挫折是他们迈向成功的第一步。

虽然我们无法避免挫折给我们带来的痛苦，但是我们更应该感谢挫折给我们带来宝贵的经验和财富。一位著名的作家曾经说过："水

第七章 逆境

果不仅需要阳光,也需要凉夜。寒冷的雨水能使其成熟。人的性格陶冶不仅需要欢乐,也需要考验和困难。"却是如此,对我们年轻人来讲,前进的路上不要怕跌倒,只有这样才能让你快速成长,在成长中不断完善自我。

草地上有一个蛹,被一个小孩发现并带回了家。过了几天,蛹上出现了一道小裂缝,里面的蝴蝶挣扎了好长时间,身子似乎被卡住了,一直出不来。天真的孩子看到蛹中的蝴蝶痛苦挣扎的样子十分不忍。于是,他便拿起剪刀把蛹壳剪开,帮助蝴蝶脱蛹出来。然而,由于这只蝴蝶没有经过破蛹前必须经过的痛苦挣扎,以致出壳后身躯臃肿,翅膀干瘪,根本飞不起来,不久就死了。自然,这只蝴蝶的欢乐也就随着它的死亡而永远地消失了。

故事虽短,但说明了一个人生的道理:要得到欢乐就必须能够承受痛苦和挫折。这是对人的磨炼,也是一个人成长必经的过程。

如果生活中没有了挫折,那么生活就会像一杯白开水一样淡而无味,一个平淡的人生是不能给人任何的激励,也会在平淡的生活中磨平你的才华和进取之心。只有挫折才能激发我们前进的动力,所以,不要希望生活那么顺利,也不要想象成功会一帆风顺。我们应该时刻做好走羊肠小路的准备,有时候还要给自己多设置一些路障,只有这样才能使我们进步得更快。

从古至今,每一位杰出人物的成功都是经历过千难万险的,他们曾经在挫折面前没有退缩,而是与其不断抗争,并且在这个过程中坚信自己的目标,最后成就了一份事业。"文王拘而演《周易》;孔子厄而作《春秋》;屈原放逐,乃赋《离骚》;左丘失明,厥有《国语》;孙子膑脚,兵法修列;不韦迁蜀,世传《吕览》;韩非囚秦,《说难》、《孤愤》……"这些事例都是在挫折中成功的典型。

大发明家爱迪生曾经说过:"失败也是我需要的,它和成功对我一样有价值,只有在我知道一切做不好的方法以后,我才能知道做好一件工作的方法是什么。"众所周知,爱迪生在发明电灯的时候,试验过上千次,也就是说爱迪生为了发明电灯失败了上千次,在经历这么多次的挫折和失败后,爱迪生才成功。因为他坚信,自己每失败一次就是向成功走近一步,是不断的失败让他发明了电灯。

　　生活中有些人被狗咬过一次,可是第二次还是被狗给咬到了,这是为什么呢?我们仔细想想才发现,在于采取的措施和态度不同。一样被狗咬过,有人一见到狗就心惊胆战、撒腿就跑,殊不知这种行为是对狗的一种"鼓励",结果当然是再一次被狗咬了;而有的人看见狗来了,就轻轻地弯下腰,装作是从地上捡东西,狗见状马上会夹着尾巴逃跑,即使是没有被狗咬过的人也可以采取第二种方法来对付狗。聪明的人是不会犯同样的错误,也不会被同样的挫折所绊倒。

　　诗人艾青在《礁石》中写道:"一个浪,一个浪,无休止地扑过来,每一个浪都在它脚下,被打成碎末,散开……它的脸上和身上,像刀砍过一样,但它依然站在那里,含着微笑,看着海洋。"海边的礁石和我们的人生有很多的类似,总是伴随着大大小小的挫折。挫折在失败者的眼里是一场场的灾难,但是在成功者的眼里只不过是一块垫脚石而已,是走向成功的一块跳板。有时候我们认为自己遭受了很大的挫折,但是和双腿残废、双目失明的保尔相比又有多难啊,跟身患绝症却依然乐观地面对生活的抗癌患者相比又有多难呢?跟在血雨腥风的革命年代英勇就义的英雄相比又有多难呢?跟这些人比起来我们所承受的几乎算不了什么。当我们经受挫折的时候,应该勇敢地去面对它们,微笑地欢迎它们。当你鼓起勇气战胜挫折的时候，你会发现，挫折的乌云被驱散后，头顶上将会是一片美丽的天空。

【醒世箴言】

生活中，可能只有一种人不会经历低谷，那便是一生都平庸的人，他们没有做过任何值得一提的事，没有取得过任何成就，自然没有低谷可言。

从痛苦中提高自己

一首散文诗里这样写道："曾经在地球上生活过的最优秀的人，必定是曾经遭受过苦难的人，他温顺、柔和、耐心、谦逊而又精神平静，这种人才是在地球上曾经生活过的第一个真正的绅士。"

在通往成功的路上，不但要经受挫折的考验，还要饱受困难的折磨。但是这些挫折和困难只能阻挡那些软弱的人，对于强者来讲只会激发他们的斗志。困难越多、对手越强，他们越会感到拼搏的意义。

商人麦士58岁时不幸患上白内障，视力严重下降。他甚至不能阅读、写字与驾车。疾病令他十分沮丧，更担心家庭的生计问题。由于不忍看着妻儿与自己一起挨饿，他并没有放弃努力，根据自己的身体状况，他了解到视力不良者的不便与需要，决定研究印刷一种为残疾人设计的特别的书籍。

麦士并不认为视力不佳就意味着自己是个废人，因此他尽量不在

晚上工作，经过一年左右的研究，麦士发现在纸上所有粗线条的斜纹字体，不但对视力有障碍的人大有帮助，而且一般人阅读的速度也会随之增加。麦士在加叶自设印刷工厂，第一部特别印刷而成书，不是什么文学名著，而是全球销售量之冠《圣经》。

无疑，这种宣传极具号召力，一个月内，麦士接到订购70万本《圣经》的订单，这项业务为他带来了丰厚的利润。

直面挫折，坦然而勇敢。这是对毅力的磨炼，是对心灵的考验。只要我们拥有锲而不舍的毅力，就没有征服不了的高峰；只要我们拥有坚韧不拔的心灵，便没有逾越不了的障碍。

大文豪巴尔扎克也说："世界上的事情永远不是绝对的，结果完全因人而异。苦难对于天才是一块垫脚石……对于能干的人是一笔财富，对弱者是一个万丈深渊。"人生在世，谁都会遇到挫折，有些时候，在生活中经受一些困难和不幸并不是一件坏事，适度的挫折具有一定的积极意义，它可以帮助人们驱走惰性，促使人奋进。安逸、舒适的生活往往使人安于现状，而挫折和磨难则会使人变得更加坚强。所以，只有勇敢地面对不幸和超越痛苦，永葆青春的朝气和活力，用理智去战胜不幸，用坚持去战胜失败，这不仅能够让我们变得更加坚强，还能够加深我们对生活的认知深度，使我们变得更加成熟，成为自己命运的主宰者，成为掌握自身命运的强者。

每颗种子在发芽之前都会经历泥土的阻碍，但同时这些泥土也是种子生长与发育的基础和源泉。人生在世，难免会身处逆境。但如果所有不如意的事情都一股脑儿同时砸在一个人的头上，这便是到了人生的低谷。置身于人生低谷有时会大彻大悟，但是你必须学会在人生低谷中品味人生。人生低谷其实是美丽的，但是你必须有能力发现它的美丽。人早一些进入人生低谷对一个人是有好处的。关键看你是否有一个积极的心态。学会享受人生，必须先要学会承受人生低谷的考验。

历史上的伟人之所以伟大，不是因为他们避免了低谷，而是因为他们好好地利用了低谷。庸人与伟人的区别就在于，庸人会在低谷中一蹶不振，伟人则把低谷当作了攀登另一座高峰的起点。在低谷中养精蓄锐，寻求东山再起的机会，这是聪明人的处世哲学。

"宝剑锋从磨砺出，梅花香自苦寒来。""真的猛士敢于直面惨淡的人生，敢于正视淋漓的鲜血。"只有经历了风雨的彩虹才会放出美丽的光彩，只有从困境中走出的，才是英雄，才是生活的强者。不要因为一次小小的挫折而放弃美丽的一生。

【醒世箴言】

在人生的道路上，谁都会遇到困难和挫折，就看你能不能战胜它。对我们遇到的种种挫折和问题，既不能回避，也不要沮丧，而要多想办法，迎难而上，让磨难铸就你的辉煌人生。

站起来，你会发现自己是强者

孟子曰："天将降大任于斯人也，必先苦其心志，劳其筋骨，饿其体肤，空乏其身，行拂乱其所为。"这就是在告诫我们，一个人要想成功，必先经历一系列的苦难。

人生经历一些坎坷是很正常的，没有经历苦难的人生是不完整的人生。俗话说，吃得苦中苦，方为人上人。"挫折"对于有强烈事业心的人来说则只是人生中一个小小的涟漪，他们越是受挫折，越是发愤图强。"挫折"激发了他们内心无比强大的动力，有这种动力，他们勇往直前，毫不退缩。

创业之路非常艰难，刘闯曾先后五次从零开始创业，从中他深切地感受到，百折不挠应该是每个企业家都必须具备的心态。

第一次创业，刘闯选择的是开服装店。当时，他刚从学校毕业，为了节省房租，刘闯改造了他们家乡桥下一个废弃的房子作为店铺；为了使自己经营的服装能赶上时尚潮流，他就去上海进货，每次都是当天来回。两年期间，无论是繁华的南京路还是迷人的外滩，刘闯一次也没有去过。就这样，他有了8000元的积蓄。

几年后，刘闯看到一所大学附近的舞厅因经营不善濒临倒闭，便与对方签订了承包一年的协议，把它盘了下来。为了吸引更多顾客，刘闯采取了"教授免费、学生半价"的策略，可是后来他才知道，这个舞厅的主要客户就是这两类人。这么一来，不到三个月舞厅就开始亏损，原本想大干一场的刘闯，没想到把自己做服装赚的钱也全部赔了进去。

这次打击把刘闯又推回原来的起点。不久后，他用当时仅有的400多块买了一辆旧自行车和两只箩筐，开始贩卖葡萄。每天凌晨4点起床，骑自行车往返于家和十多公里外的水果市场，但始终没有放弃继续创业的想法。1988年，在一次吃饭的时候，刘闯邂逅了台湾某股份有限公司的负责人，和他交谈后，刘闯拿到了该公司产品在大陆的销售总代理权，开始了自己的第三次创业。

做了6年后，刘闯拿出自己的全部积蓄60万元，开始了第四次创业——成立了一家金属工业有限公司，生产金属制品。为了能够攻克技术难关，刘闯几乎每天都和工人在一起，早晨8点上班，第二天凌晨2点下班。可由于缺乏核心技术，产品多次被退货，3年后被迫停产关门。反反复复，刘闯就一个感觉：创业之路何其艰难！

尽管如此，每一次的惨败都没有让刘闯丧失信心。1999年初，刘闯想方设法筹资400多万元，进军房地产，经过几年的努力，终于成功地进行了第五次创业。

在很多人看来，刘闯就像一个"疯子"，屡战屡败，可屡败屡战。但是在刘闯看来，每一次失败都代表自己离更大的成功更近一步，更了解了市场，也更坚信了这一点：汲取教训，失败了从头再来，才是企业家应该具备的心态。

居里夫人是我们全世界女性的骄傲。她曾经说过："我从来不曾有过幸运，将来也不指望幸运，我的最高原则是：不论对任何困难都决不屈服！"失败并不可怕，痛苦并不可怜，只有不敢面对现实，就此自甘堕落，才是可悲的。不必太在意一时的狼狈和落寞，只要能敢于面对现实愈挫愈勇，希望的火炬就将在他们手中点燃。

所以，当你处在人生的低谷期的时候，不必灰心、也不必失望，那是生命周期给你的一个重新看待世界的机会，它会让你看到你还有哪些不足、给你时间去弥补，如果你放弃了这次考验，也许你的人生也就没有机会了。

现实生活中根本不存在童话，而只有残酷，所以不需要幻想。想要达到目标必须付出，想要生存必须经历伤痛。如果我们在那段荆棘丛生的路上，有人能上前扶我们一把，那又是多么令人欣慰的事情！但在现实生活中更多的时候是冷眼旁观与嘲讽，为此我们只有勇敢面对现实别无选择。在经历苦难当中，人只有学会克服困难，才会更显成熟，人只有在不断进取的同时才会成长壮大。

【醒世箴言】

人生在世,谁都可能经历一些苦难,苦难并不可怕。勇敢地面对现实,对苦难持一个客观的态度,以百折不挠的精神去战胜苦难,是成功人士不可缺少的素质。

对待困难就是对待人生

罗兰说:"把你的苦难当作难得的经验,忍耐一时之痛去体会它,你将因为这些苦痛而比别人更了解人生。"其实,我们可以把磨难看成一笔财富,因为它能够让我们学会忍耐、学会坚强、懂得拼搏。它能够让我们在社会的大熔炉中更加坚强,从幼稚变得成熟、从缺憾变得完美、从困境走向成功。

鉴真——作为中日两国文化交流的使者,受到两国人民共同的爱戴。据史料记载,鉴真大师从小就非常聪明,而且非常好学,悟性也特别高,在鉴真14岁的时候,被大云寺收为小沙弥。鉴真的师父看到鉴真非常的聪明,想让鉴真成才,所以有意锻炼鉴真,把寺庙最苦最累的活都让鉴真去做,而且还要求鉴真每天都要出去化缘,无论是刮风下雨,还经常遭到别人的戏弄和嘲笑,这让鉴真的生活非常的凄苦,他对此也怨声载道。

一天夜里,外面下着很大的雨,鉴真知道外面的路途一定是非常的难走,索性就在床上不出去了,当鉴真的师父来找鉴真的时候,发

第七章 逆境

现他床边放着一堆穿烂的草鞋,于是问鉴真为什么还不去化缘。鉴真认真地说道:"我做苦行僧已经有一年多了啊,穿坏的鞋子也比别人多上很多,不为别的,那也应该为寺里省一省啊!"师父笑着拉起鉴真说道:"跟我出去走走吧。"鉴真随师父来到一条小路上,这条路上满是泥泞。师父问道:"鉴真,你想做一名什么样的和尚啊,是做一天和尚撞一天钟,还是做一名弘扬佛法的高僧啊?"鉴真非常认真地回答道:"当然是要做一名弘扬佛法的高僧了。"师父又对鉴真说道:"你昨天一定是从这条路上回来的吧,你还能找到你昨天的足迹吗?"鉴真回答道:"不能,昨天的路又硬又光,怎么可能留下足迹呢!"师父又问道:"那么今天从这条路上走,还能留下足迹吗?""当然能。"鉴真含糊地回答道。

师父解释道:"只有泥泞的路上才能留下足迹,换句话讲,只有在困境中不断前进的人才能在人生的舞台上留下足迹。"听完师父的解释后,鉴真豁然开朗。在日后,鉴真六次东渡日本,沿途之上经历了各种艰难险阻,但从来没有放弃过,最后终于成为了一代高僧,为中日友好和文化交流做出了不可磨灭的贡献。

在我们的生活中,有许许多多的人一生都是忙忙碌碌的,但却从来没有给后人留下什么有益的启示,也没有取得任何成就。而那些在逆境中不断前进,把磨难当成自己人生中一笔不可多得的财富,他的脚印深深地留在了路上,成为一种价值的体现。许多人之所以称之伟大,是因为他们在经历艰难困苦的时候从未放弃。司马迁在受刑关进狱中的时候,主审是当时著名的酷吏杜周,杜周当时对司马迁用尽了各种手段,而司马迁则忍受了精神和肉体上双重的折磨,他始终不屈服,发愤完成《史记》,最终名垂千古。

中国有句古话:"福祸相依。"有压迫总有反抗,犹太人的命运是不幸的，但犹太人却在不幸中创作了大量可歌可泣的诗歌、谚语，还有美妙的音乐。大音乐家贝多芬在两耳失聪的时候，创作了大量的乐曲。

每个人都希望自己的生活能够顺顺当当的，每个人都希望自己的事业能够成功。可是，人生没有那么多的顺风顺水，总会伴随些许的阵痛，总会有这样那样的折磨，"自古英雄多磨难"可以说已经成为一个至理名言，逆境是痛苦的，是让人难以忍受的，但逆境还可以塑造坚强的性格，能够让强者更加坚强。培根在《论厄运》中写道："正如恶劣的品质可以在幸运中暴露一样，最美好的品质也正是在厄运中被显示的。"

许多文人墨客都在描写一系列的英雄，在他们的笔下，那些经得起生活中磨难的人物，这些人物至今还令人称颂，催人向前。

每一个磨难都是一次难得的人生阅历，它能够让我们真正地体会到"梅花香自苦寒来"的含义，能够让我们意志更加坚强，能让经历过磨难的人脱胎换骨。

【醒世箴言】

人人都渴望成功，但并不能代表渴望成功就一定能顺利成功，在通往成功的道路上，只有经历一次又一次的失败，磨砺意志，正确地总结得失，最终才能赢得成功。

第七章 逆境

压力即是前进的动力

挫折是人生中重要的组成部分，因为没有任何人能够不劳而获，也没有任何人能够轻轻松松的成功，都要付出大量的汗水，同时还要面对挫折和失败。如果我们留心的话，可以发现，那些大公司的经理、政府的官员还有一些各行业的知名人士，他们大多数来自贫寒的家庭，这些人已经取得了自己领域上的成功，也都是在经历过艰难困苦之后。

当挫折光临时，有些人会躺在地上怨天尤人，有些人会脆在地上伺机逃跑，防止再次受到打击。可是，有一部分的人反应却大不相同，他们在被击倒之后，会马上站起来并总结这次被击倒的原因，总结经验继续向前冲锋。

临近毕业，魏教授把毕业班的一个学生的成绩批了一个不及格，这件事情对这个学生影响非常大，因为他早已经安排好自己毕业之后的计划，由于这个不及格不得不取消一些计划，一时让这个学生难以接受。现在，摆在他面前的只有两条路，一条是重修，等到下半年才能拿到毕业证，另外一条就是干脆不要毕业证，一走了之。

当这个学生得知自己不及格的时候，非常的沮丧，并找到魏教授希望能通融一下。当得知不能更改的时候，他的脾气再也控制不住，向魏教授发泄了一气。魏教授在他平静下来之后对他说："你说得很对，确实很多成功人士都不知道这课的存在，你也可能一辈子都用不到这门课程里的知识,但是你对这门课的态度却对你有着很大的负面影响。"

学生不解地问道:"您是什么意思?"魏教授接着回答道:"我非常了解你现在的感受,当然我也不会怪你,我建议你用一个积极的心态去面对这件事情,而且要记住这个教训,也许到五年之后你就会知道,它是你收获的最大一笔财富。"

听过这番话后,这个学生又重修了这门课程,而且取得了非常优异的成绩。五年之后,这位学生特意找魏教授道谢。他说:"他非常感谢魏教授,因为那次不及格让我受益匪浅。因为那些不及格使我认识到了挫折,而且学会去面对挫折,坚持下来并尝到了成功的滋味。"

从挫折和失败中总结教训,并好好总结,便可以对挫折有一个新的认识。我们不能把失败归结为自己的命运,我们要仔细研究我们的挫折和失败。像上面的例子一样,如果你尝到了失败的滋味,那就继续学习吧!你的失败很可能是你的成绩和经验欠缺造成的。世界上有许许多多的人一辈子都是在浑浑噩噩中度过的,他们对自己的平庸总是有这样或那样的解释,他们就像是永远长不大的孩子一样不成熟。他们总是希望能够得到别人的同情,没有自己的主见。他们一直想不通这点,所以一直这样浑浑噩噩活下去。

无论这种挫折是暂时性的还是长期性的,都要把它当成一种经验,这样看待便不会认为是失败。其实,每一种逆境或者挫折都存在着一个教训,而这种教训的获得方式也只有经历挫折才可以,挫折以另外的一种方式向我们讲诉生活的含义,这种语言是需要我们不断去体会。如果体会不到这种语言的话,一个错误可能会犯上一遍又一遍,而且还会继续犯下去。

家具商尼科尔斯家中突然起火,把家中的一切烧得精光,而且还把订货也烧光了。尼科尔斯看到这种情况心情糟透了，当他看到自己的一件一件商品被烧得体无完肤的时候，突然一个烧焦的松木的形状和纹理吸引了他的目光，他坚信这个发现将是他生意上的一个转机。正因为看到了烧焦松木的形状和纹络使他产生了灵感，他将烧焦的松木去掉尘灰，再经过打磨，然后涂上一层油漆，一种暖色调和纹络呈现在眼前。尼科尔斯为他的发现欣喜若狂，马上制作了仿纹家具，就这样仿纹家具从此诞生，大家争相去购买这种家具，生意出奇地好。有人说道："尼科尔斯的这种纹络家具就像是在死灰里死而复生的不死鸟一样。"确实如此，一场大火本来是一场灾难，但同时也给他新的产品和更大的市场，在现在的纽约博物馆还收藏有第一套仿纹家具。

挫折并不可怕，只要你不灰心，只要坚定信心，处处留心，完全可以把挫折当作是迈向成功的转机。无论什么时候，都要明白的是，福祸相依的道理。当幸运光临的时候，我们固然要好好把握，好好利用；但是，如果事情向坏的方向转化，我们应该当机立断，将影响降到最低，并伺机摆脱这种厄运的纠缠，让我们面对更美好的明天。

我们无法避免挫折的降临，但是我们可以不被挫折击倒，可以把挫折视为成功对我们的考验，只要我们不放弃，一定会将挫折转化为一笔财富，并且成为我们迈向成功的垫脚石。

【 醒世箴言 】

一个人在遇到困难时，不要四处推诿、滥找借口，要勇敢地面对，尽快地寻找解决的办法，并努力化危机为转机，运用自己的智慧和才能改变不利环境，为自己开创一个新局面。

学会在逆境中坚持

逆境，也就是不顺利的环境。自然，人生在世不论干事业，还是过生活，都盼望着一帆风顺，遇到一个顺心可意的环境，然而，从长远看，这却是不大可能也不太现实的事。因为，事实上逆境经常像影子一样追随着大家，并不时顽强地显露出来给人们以困扰。阅古历今，一个人一辈子总扯"顺风旗"的事似乎是没有的。

人们讨厌逆境，但又不时身处逆境。这虽并非是值得称慕的好事，但也绝非是不可摆脱的坏事。从某种意义上说，逆境也是机遇，也是人生和事物发展过程中的必然。比如事业吧，我们常说并坚信"前途是光明的，道路是曲折的"。这"曲折"从根本上已明白无误地告诉人们，到达光明前途的道路充满着困难、挫折和坎坷，身处逆境是经常发生的事。

我们说，逆境也是机遇，是说逆境是磨刀石，它可以砥砺人们的品格、才气和胆识，可以激发人们奋发向上的毅力和勇气。有位哲人说过："人们最出色的工作往往是在处于逆境的情况下做出。思想上的压力，甚至肉体上的痛苦都不可能不成为精神上的兴奋剂。"

逆境虽非好事，但锻炼了人才，也蕴含着摆脱困扰而再前进的机遇。如果说逆境并非没有许多的恐慌与烦恼，那么，逆境也并非没有许多的安慰与希望。对一个人来说，逆境就是"清醒剂"，总要有些

第七章　逆境

逆境的遭遇才好，否则极易陷入消沉麻木而失却了激进的锐气。逆境也像面镜子，它不但映照出勇士不倦思索、大胆开拓、奋勇进取的英姿，而且也折现出懦夫望难生畏、萎靡不振、掉头退却的身影。逆境也像个"助产士"，在迎接逆境考验并接受痛苦分离的过程中，捧出了一个新生和希望。

实际上，逆境并不可怕，可怕的是人们缺乏身临逆境的思想准备。如果把顺境和逆境都视为机遇，于顺境不忘逆境的艰难而急进，处逆境看到顺境的希望和前途而奋起；面临花开花落而心地坦然，处变不惊，这恐怕于个人事业大有好处。

中国有一句古话"十年河东、十年河西"，也就是相信目前虽然处于不幸的环境中，但是终究会有峰回路转的一天，以此来不断地提醒自己忍受现在的痛苦，等候时来运转。这种对前途抱乐观的希望使得忍耐有了价值。但是也不能担保哪一天会失去拥有的一切，所以在幸福的时候也应当谨慎小心，决不松懈。

生活中身处逆境最忌讳的反应是：第一意志消沉，第二焦躁不安，第三惊慌失措、盲目挣扎。若是犯了这三项大忌中的任何一项，不仅无法自逆境中脱困，反而会堕入万劫不复的深渊中。

最关键的是要沉着地等待时机。就像《菜根谭》中所讲的那样："伏久者飞必高，开先者谢独早，知此，可以免蹭蹬之忧，可以消躁急之念。"就如潜伏林中的鸟，一旦展翅高飞，必然一飞冲天；迫不及待绽开的花朵，必然早早凋谢。了解了这个道理，就会知道凡事焦躁是无用的，身处横逆之中，只要能储备精力，重展身手的机会一定会来临。"所以能够持久才是最重要的"。只有抱着这种信念，才会跑完人生这段漫长的旅程。

塞内加有句高论："顺境的好处是人们所希冀的，但逆境的好处则是令人惊叹的。"的确，顺境并不是没有许多恐惧和烦恼，逆境也并不是没有许多安慰和希望。

在刺绣中，我们经常可以看到，在阴沉昏暗的底上安排一种明快的花样比在鲜艳的底上安排一种阴沉幽暗的花更令人悦目；刺绣尚且如此，心灵更是可想而知了。

美德犹如名贵的香料，当它们一经焚烧或碾碎，能散发出最浓烈的香味；因为顺境最能显示邪恶，逆境最能显示美德。

挫折是逆境中的一部分，每个人都要面对挫折，任何成功的人在达到成功之前，没有不遭遇过失败的。爱迪生在经历上千次失败后才发明了灯泡，而沙克在试用了无数介质之后，才培养出了小儿麻痹疫苗。

你应把挫折当作是使你发现你思想的特质，以及你的思想和明确目标之间的测试机会。它就能调整你对逆境的反应，并能使你继续为目标而努力，挫折决不等于失败。

然而，挫折并不保证你会得到完全绽放的利益花朵，它只提供利益的种子，你必须找出这颗种子，并以明确的目标，给它养分，并栽培它；否则，它不可能开花结果。成功正冷眼旁观那些企图不劳而获的人。

逆境能变成一种祝福。

约翰经营一座农场，当他因中风而瘫痪时，他亲戚们确信他已经没有希望了。但他没有消沉悲观下去，而是要求他的亲戚们在农场中种植谷物，以此作为饲料来养猪，猪肉用来制香肠。几年后，约翰的香肠就被陈列在全国各商店出售。结果约翰和他的亲戚们都成了拥有巨额财富的富翁。

出现这样美好结果的原因在于：约翰没有在逆境中退却，而从逆境中获得了前进的动力，学会了在逆境中坚持。他的不幸迫使他运用从来没有真正运用过的一项资源——思想，确立明确目标，制订了计划，并以应有的信心，实现这一计划。

当你遇到挫折时，切勿浪费时间去想你受了多少损失，而应看你从挫折中，可以得到多少收获和资产。你会发现，你所得到的比你所失去的要多得多。

在逆境中，你能击败坏习惯，以好习惯重新出发；驱除高傲自大，并以谦恭取而代之，而谦恭可使你得到更和谐的人际关系；重新检讨你在身心方面的资产和能力；接受更人挑战的机会，增强你的意志力。使你走出黎明前的黑暗，以无限的热情迎接挑战。

【醒世箴言】

恶劣的环境比安逸的环境更能激发我们的斗志，只要我们沉着冷静、审时度势，用自己的胆识积极应对，就一定能突破难关，为自己找到一条新的道路，并且取得成功。

没有失败的人生不完整

成功要想实现需要很多先决条件，其中包括你所拥有的资金、经验、能力以及你对成功的不懈追求。因此，渴望一次努力就成功的愿望是不现实的。

但失败本身并不可怕，可怕的是我们对失败所持的态度，对失败持错误的态度，根本无助于问题的解决，而对失败持正确的态度就能助你取得成功。

其实，失败是人生的一笔十分重要的财富。善待失败的人，他们不是消极地接受失败的结果，而是把对失败的总结体会作为一种财富来享有，他们善于从失败的教训中得到启发，冷静地处理失败得失，分析失败的原因，找出问题的症结所在，以避免下一次再次出现类似的错误，从而获得事业的成功。

人生从来没有真正的绝境，无论遭受多少艰辛，无论经历多少苦难，只要一个人的心中还揣着一粒信念的种子，那么总有一天，他就能走出困境，让生命重新开花结果。

无论人生的前景多么黯淡，哪怕看不到一丝光亮，也要把信念的种子耐心珍藏。相信，总有那么一天，总有那么一缕机遇的阳光亲吻你的额头，就像那埋没千年的种子仍能等来美丽的绽放。

人的一生中难免会遇到逆境，"逆境"是我们成功路上所必须经历的。"逆境"能够磨炼出耐力，从而使人有足够的力量去克服巨大的障碍。这力量包括了自信、毅力，以及非常重要的自知之明。所以当你遭遇"逆境"时，你可以借此发现个人的弱点，并借此机会克服它。没有人会因为失败而感到喜悦，但如果你有成功的渴望，你可以将其视作是改善自己性格弱点的大好机会。

杰米曾是一个破产电动机厂的经理，在法院通知他破产的时候，太太与他离婚了……面对这突如其来的打击，杰米并没有放弃，他选择以捡破烂为生。每天他给自己一个希望：每天背着一大袋可乐空瓶去卖，并且每天总结一天的成功之处，分析失败的原因。久而久之就养成了很好的工作习惯。今天的杰米已成为澳大利亚首富之一的工业巨子——JAAT集团的头号人物。

第七章　逆境

当我们身陷某些意料之外的困境时，不要轻易地说自己什么都没有，假如你心中还有一个坚定信念，只要你紧紧地抓住这份信念，努力地去寻找，总会找到帮助自己渡过难关的方法。如果你对自己说："我失败了，算了吧。"那么你就真的会躺下起不来。

面对人生中的失败，要做到理智和冷静，同时还要能够做到坚持。在失败的时候，需要理智冷静。"坚持就是胜利"，只有做到坚持，才能够逐步接近乃至取得成功，所以坚韧的意志也是不可缺少的。

如今的社会，竞争加剧，人们的生存空间在外来重荷下逐渐缩小，心灵所能承受的只有成功，哪怕成功的花环上点缀了少许的失败，也挥之不去。就这样，失败的时候追悔自己，成功时苛求自己，最后使自己身心疲惫。

"成者为王，败者为寇"似乎是个千古不变的真理，而发展到今天，却有些行不通了。

鲁迅先生曾经说过："我每看运动会时，常常这样想，优胜者固然可敬，但那虽然落后而仍非跑至终点不止的竞技者，和见了这样竞技者而肃然不笑的看客，乃正是中国将来的脊梁。"所以，可以说没有永恒的成功，也没有永恒的失败。

人生路上，失败是难免的，很多英雄都可以一笑置之，你为什么不能笑一笑呢？不要活在失败的阴影里，有勇气站起来，就一定能成功。就像一首歌中唱道："心若在梦就在，天地之间还有真爱，看成败人生豪迈，只不过是从头再来。"

如何对待失败挫折，不同的人往往持有截然不同的态度。善于利用失败的人，往往就能够从失败中汲取有益的教训，将失败改造成一笔对自己有用的财富，从而在日后的工作中，趋利避害，赢得各方面

成功；而另一些人，他们对失败存在一种错误的认识，这样的人，失败对他们来说犹如一记闷棍，失败了从此便一蹶不振。

将失败看作一种伤害的人在现实生活当中就常常会出现如下行为：他们经常牢骚满腹，抱怨上天对自己的不公，抱怨自己的学校不好，抱怨自己的专业不好，抱怨自己的老爸没有本事，抱怨自己的工作条件差，收入水平低，抱怨自己没有碰到好运气等，不论怎样，挂在他们嘴边经常说的一句话是："为什么受伤的总是我？"面对失败，他们往往不能冷静地处理，找出失败的原因，导致经历一次两次失败的打击，他们就变得心灰意冷，整天消沉于失败的阴影之中，致使所面临的问题得不到及时的解决。

俗话说得好："吃一堑，长一智。"亡羊补牢还为时不晚，要能做到经常对失败进行总结。对待失败我们应该有泰然处之的态度，及时总结失败得失，汲取经验教训，针对失败的原因，做有效的补救措施，只有做到经常总结，那么亡羊补牢还是十分有效的。

人可以自己打败自己，也可以自己成全自己。

【醒世箴言】

人的一生，总难免会有沉沉浮浮。每个人的一生都注定要跋涉许多的沟沟坎坎，但是只要我们每天给自己一个希望，让阳光照进自己的心房，再大的苦难也会被踩在脚下。

第七章 逆境

从失意中看到希望

古人有诗曰:"人生失意无南北。"也有"人生不如意事常十之八九"的话语。人生在世,总是要遇到生活的折磨和坎坷,"心想事成"只是一种良好的祝愿,而遭遇坎坷那是生活的定律。蹒跚学步时的一次跌倒,是失意;求学道路上的一次败北,是失意;恋爱时期的一次分手,是失意;工作中的一次错误,是失意……生活中的失意无处不在,但关键是面对失意的生活,如何使自己保持一种积极向上、奋发有为的心智与斗志。

一次失意,品尝一次人生的艰辛,一次失意,历经人生的一次考验。品尝一回艰辛,经历一次考验,你就跨过人生的一次坎坷,超越一次自我,你的人生就会在战胜失意的困扰中得以充实和升华。

"比海更宽的是天空,比天空更大的是人的心灵。"生活不论如何磨人,如何将你压缩在一个四方的小盒子里,但思维的空间是不受限制的,心灵的视野没有藩篱,无比宽广,任你驰骋。来去自如,生命的迷人之处就在这里!

失意并非只是不得志,一切希冀未果,均属失意范畴。求学时,一次败北是失意;工作上,事来无成是失意;求的当儿遭拒绝是失意。失意无时不有,无处不在。一次失意如同品尝一次人生的苦辣。历经一次考验,你便跨过人生的一个坡坎儿,你便超越一次自我。

顺境固然是好,谁又何尝不希冀人生长途中铺满了鲜花和掌声

呢？但经常处于顺境，缺少对风浪的抵抗力，有朝一日，碰上了小小的波折，势必自寻烦恼，甚者可能还会寻死觅活。所以，生活加给一个人的磨难，也许正是生活对于人的有益的塑造，不必消极地理解为不幸。

很多时候，失意会使你冷静地反思自责，使你能正视自己的缺点弱项，努力克服不足，从而驾驭生命的帆船，乘风破浪。以求一搏，从失意的废墟上重新站起。

失意会使人细细品味人生反复而不失志，痛定思痛，重创业绩。

要知道，生活本身就是变化。你大可不必担心在变化中会失去了什么，而只要留心在变化中增长了什么。因为，从一个人的失意比从一个人的得意中更能了解一个人；而每个人在失意中也都比在得意中能更快地成长，成熟起来。

其实，失意不是人的必需，而是人的必经。因为不经风雨怎见彩虹，你没受过风浪的冲击，你的意志就得不到锻炼，心灵就得不到艰难困苦的洗礼。俗话说"大树底下长不出好草"。任何一个人想成就一番事业，就须迎击生活风浪，笑傲风云，因为有挫折才会奋起，有失意才会求荣。不要因一次挫折而折断人生奋进的脊梁，也不要为一次的失意而放弃人生的追求，而应"吃一堑，长一智"，在痛苦的磨炼和调整中向新目标冲刺。

【醒世箴言】

人总要在挫折中学习，在苦难中成长。"雄鹰的展翅高飞，是离不开最初的跌跌撞撞的。"所以，遇到挫折无须忧伤，只要心中的信念没有萎缩，相信美好的日子就会到来。

第七章 逆境

苦难的背后是祝福

席勒有一句话："任何一个苦难与问题的背后，都有一个更大的祝福！"还有人说，苦难是一所大学，不幸是人生的老师，在这所大学里可以磨炼一个人的意志，能教你体会到人生的珍贵，生活是复杂的，人在失去的同时也在获得。挫折是上帝送给我们的礼物，因为挫折造就了我们的坚韧，而坚韧又造就了我们不凡的人生，只有把苦难和不幸看作是一种磨砺，微笑面对，保持寻找幸福的激情，在苦难和不幸中发现希望，人性的光彩就会愈加鲜明。

牛仔裤的发明者李维斯，是经过一次又一次的挫折才步向成功的。刚开始，他跟着一大批的人去西部淘金，行进的途中一条大河拦住了人们的去路，当人们都在抱怨、愤怒时，李维斯设法租来了一条船给想过河的人摆渡。因此还没开始淘金他就已经赚了一些钱，可是好景不长，他摆渡的生意被别人给抢走了。李维斯继而又发现，因为采矿工人出汗特别多，而饮用水在那一带又很紧张，所以他又卖水给矿工，可是生意红火了不久，卖水的生意又被别人给抢了去。面对一次又一次的挫折，他并没有灰心，他坚信，这些挫折是为了更大的成功而存在的。与矿工的接触中他发现很多矿工工作时都是跪在地上的，所以裤子的膝盖部分很容易被磨破，而矿区里却有许多被人扔掉的帆布帐篷。李维斯就把这些旧帐篷收集起来洗干净，做成裤子，卖给矿工，销量特好，同时李维斯也大赚了一笔，就这样，"牛仔裤"

诞生了。如今，牛仔裤依然风行全球，美国史密斯博物馆还珍藏着一件李维斯牛仔裤，作为美国文化的代表。

挫折，从某种意义上说，是一个新的转机，成功的秘密都是隐藏在失败之中的，没有谁能随随便便成功，只有经过挫折的洗礼，我们才能看到上帝藏在其背后的成功。也就是说，挫折就是上帝送来的礼物，就看你能不能抱住。

只要生活就会有不断的挫折出现，真正成功的人是那些面对困境敢于挑战的人，并能把逆境中求胜的经验传授给自己的人。失败者都是那些承认人生失利，因而画地为牢的人，当然他们也就得不到上帝赠予苦难时所赠予的智慧。

挫折纵然无情，却给人以无尽的砥砺；挫折固然残忍，却使人趋于顽强；挫折虽然带着浓浓的苦涩，却也有着香香的甜。每一次的挫折，都会为下一次的努力增添一份勇气，一份自信，一份鼓励。挫折是上帝送来的礼物，它让我们攀上更高更远的山峰。

或许生活中的苦涩，曾使我们流下了失望的眼泪；或许漫漫岁月的辛苦挣扎，曾催人衰老，但我们仍不断地向上仰望，相信这个世界会因我们而不同、因我们而更加精彩。

"菊之傲霜在深秋，梅之傲雪在寒冬"的顽强精神，获得千古绝赞。正如我们时常高歌之词"不经历风雨怎么见彩虹，没有人能够随随便便成功"。而命运的转折，总是峰回路转之后的柳暗花明，暴风骤雨后的艳阳当空，当我们不向现实妥协，扼住了命运的咽喉之后，生命就能绽放出艳丽迷人的奇葩。

成功之路难免坎坷和曲折，有些人把痛苦和不幸作为退却的借口，也有人在痛苦和不幸中寻得复活和再生。只有勇敢地面对不幸和超越痛苦，我们才能真正成为自己命运的主宰，成为掌握自身命运的强者。

第七章　逆境

【醒世箴言】

失败了，并不意味着你比别人差；并不意味着你永远不会成功；更不意味着你到了人生的终点。只要你敢于正视失败，敢于拼搏，你一定会得到上帝最美的礼物。

找到失败的原因

成功是一种考验，失败更是一种考验。但失败要失败得明白，取得教训。在现实生活中，一个人不可能永远不犯错误，不遇到各种失败，如果你真的错了，那就要以高昂的斗志挑战失败，失败也要失败得明明白白，清清楚楚。然后，把失败当作磨炼意志、增长才干的好机会。只有大胆地接受现实，才可能坦诚地分析、探究失败的原因，重新赢得成功的机会。

曾经有一个人开了一家公司，他的公司生产的一系列产品在推向市场后，长期以来一直没有人购买，后来，一些在这个公司订货的厂家接二连三地打电话来要求退货。他为这件事感到很苦恼，整天愁眉不展。

一天，早上醒来，他看着外面刚刚发芽的一棵小树，心里萌生了一丝喜意。此时他不禁联想到自己目前的状况，然后又看了看刚刚发芽的这一抹新绿，心想：失败怕什么，只要失败得明白，我一样可以像这一抹新绿一样重新迎来生命的春天。

于是，他穿上衣服，开着车把公司生产的产品都拉到了市中心，向每一位行人赔罪，并征询他们的投诉意见、建议和需求。听了他们的意见后，他重新整装待发，开始了新的研究方案。不久他生产的产品再一次推向市场，这次的产品得到了市民们的一致好评，公司迎来了良好的发展契机。

在我们发展的过程中，在走向成功的旅途中，暂时的失败是难免的，这已经为古今中外成功人士的经历所证实。从某种意义上来说，没有失败也就无所谓成功。失败和痛苦是上帝和每一种生物沟通的方式，并指出我们错误所使用的语言。在我们聆听上帝的这些话时，应该变得更为谦虚，以便不再有下一次的失败。

挫折和暂时的失败不能保证我们下一次肯定成功，它只能给我们提供获得成功的种子，你必须找到这颗种子，然后以明确的目标给它养分，好好培育它，它才有可能结出成功的果实。

对待失败，关键是要失败得明白，不能败了就败了，不汲取教训，糊里糊涂下一次再接着失败。这是最为致命的、有可能是永远的一种人生的失败。

每一次具体的失败，可能有它特殊的原因，但就一般情况而言，下列情况是我们人生汇总最为常见，同时又是最具有破坏性的失败原因。当你发现自己的确曾出现过其中任何一种原因时，没有必要过分地责备自己，因为过分地责备自己于事无补，要紧的是要抓紧时间、下定决心找出失败的原因，找一找，下面哪个原因属于你。

*糊里糊涂，没有明确的目标，不知道成功在哪里，所以成功永远也不会来找你。

*受教育的程度不够。受教育时间长的人，从书本中获得失败的教训，你现在的失败算是补交的学费。

*缺乏自律，显现出不控制饮食和对机会漠不关心的倾向。机会就在你低着头一门心思暴饮暴食的时候，从你的身边悄悄溜走。

　　*缺乏雄心壮志。你自己已经不求上进，不想发展自己了。

　　*因消极思想和不良饮食习惯所造成。

　　*儿时的不良影响。

　　*缺乏贯彻始终的坚毅精神。咬咬牙挺一挺就过去了，可你坚持不了。

　　*情绪缺乏控制。你连自己的情绪也管不住，怎么能有好心态呢？

　　*有不劳而获的念头。心存侥幸，你老想着天上掉馅饼，永远等不到成功。

　　*当所有必要的条件都具备时，仍然犹豫不决，举棋不定。

　　*心中怀有七项基本恐惧的任何一项或几项：贫穷、批评、疾病、失去爱、年老、失去自由、死亡。

　　*选择了不适当的配偶。

　　*太过谨慎或者不够谨慎。

　　*随时虚度光阴和金钱，光阴和金钱如此充足，你还要成功吗？

　　*措辞不当。你这一生吃亏就在你的嘴上。

　　*缺乏耐性。你前脚刚出门，幸运之神就去敲你的门。

　　*无法和谐、谨慎地与他人合作。

　　*不忠诚。

　　*缺乏洞察力和想象力。上帝站在你面前问你说："你面对的是谁？"你说："你嘛。"

　　*自私而且自负。你想把整个地球据为己有。

　　*报复欲望。幸运之神担心你以后连他都不放过，因为他没有早一点让你成功。

*不愿多付出一点点。其实上帝跟你一样吝啬,你不付出,他也同样不会对你付出。

上面所列举的当然不是造成失败的全部原因,而且你失败的原因,也肯定不只是一种,那你就赶快寻找吧,相信这对你的成功一定有很大的好处。

【醒世箴言】

决定我们命运的,不是我们成功或失败的际遇,而恰恰是我们对际遇的看法。因为成功与失败随时都可能变化。所以,唯有正视失败,才能超越失败。

第八章　心态

一位伟人说："要么你去驾驭生命，要么生命驾驭你。你的心态决定谁是坐骑，谁是骑师。"在人生的旅途中，我们不知道要经历多少事情，然而，细细思之，其实，人生的转折点就是心灵的转折点，因为你的生活是痛苦的还是幸福的取决于你的内心，取决于你心灵的深度和高度，所以说，一个人拥有好心态，才能在转折点中做最成功的自己。

非淡泊无以明志，非宁静无以致远

生活中有很多心浮气躁的人，常常会问："我学什么才是好呢？"其实，做人要脚踏实地，做事要戒浮戒躁，只有这样，生活才能变得祥和宁静，你的事业才会有所起色，你的知识才会与日俱增。

有一些人做事情比较浮躁，只想按照自己的想法去进行，不想也不愿意去适应现实世界，更不愿意去接受周围的环境，这样的结果常常导致生活上的忧虑，工作上不扎实，表面上来看是不愿意做一些基础性的工作，希望领导和顾客都能给予一定的理解；不愿意接受别人的意见，却非常希望客源滚滚。到最后，顾客与客户都转移到竞争对手那里去了。生活中不愿意接受别人的意见，对失败总是归咎于他人，对任何事情都变得非常不耐烦。

可是他们不知道，无论你的情绪怎么变幻莫测，你都要想方设法地去控制它，因为你的情绪不仅仅是一种感情的表达，而且还是一种攻防武器，甚至还会影响到你的事业发展。

也许我们大家都有过这样的感觉，越是着急的就越不成功，有些人会说，冥冥之中自有主宰，其实不然，只是因为你的焦急和浮躁让你失去了清醒的头脑，使你无法冷静地去思考和判断，才会出现越是着急就越办不成事情的情况，所以，与其焦急而一无所获，倒不如停下来，安静地思考一下问题究竟出在哪里。当你的头脑清醒的时候，答案自然就会呼之欲出，会告诉你，凡事都不可能如你所愿，一下子

第八章 心态

完成,需要一步一步地去走,才能获得最后的成功,就好比是登山,一次也只能迈一步,慢慢地接近目标。

　　大诗人陶渊明在仕途受阻之后归隐田林,在一个偏僻而又幽静的小村庄里过着无忧无虑的生活。有一群书生得知陶渊明住在附近,于是结伴来向陶渊明讨教学习方法,陶渊明语重心长地告诉他们:"做学问并没有什么捷径可走!我只知道古人有言,'书山有路勤为径,学海无涯苦作舟',由此可以看出,获取知识的唯一途径就是勤学苦练。勤学则进,辍学则退!"这群书生认为陶渊明对自己有所保留,便不肯离去,陶渊明知道他们不相信,于是就带着他们来到了水田边,指着水田里的秧苗说道:"你们是否能看得见这些秧苗正在向上长吗?"书生们摇头表示不,陶渊明又指着一块磨刀石问道:"你们再来看这块磨刀石,现在它中间的部分已经明显地凹下去了,那你们知道它究竟是在哪一天变成这样子的吗?"书生们再次摇头表示不知道,陶渊明接着说道:"其实田地里的秧苗每天都在向上生长,只不过我们用肉眼看不见而已;这块磨刀石每天也都在磨损,只是我们感觉不到罢了。做学问也同样如此,这并不是一朝一夕就可以做到的,所以你们千万不可太浮躁,只要每天都有一点收获,日积月累便能够有很大的长进了,而不能希望在一两天之内就看到十分明显的效果。同样,一旦你稍有松懈,知识便会像这块磨刀石一样在无形之中慢慢耗损掉。因此,你们一定不能心浮气躁,只要脚踏实地去学,一定会有所收获!"这番话说得大家心服口服的,连连点头,临走之前都希望陶渊明能送自己一句话来不断地勉励自己,陶渊明思索片刻之后,挥笔写下了这样两行字:

　　勤学如春起之苗,不见其增,日有所长;
　　辍学如磨刀之石,不见其损,日有所亏。

浮躁对任何人来讲都没什么好处，只有做到真正地脚踏实地，才能走得更稳更远。所谓欲速则不达，就是这个道理，事情不会因为你焦急的心情而加快半分，相反还会变得更糟。

每个成就大事业的人都力戒"浮躁"，他们不断地修身养性，希望从中获得控制自己情绪的方法，这种稳健的心态是他们在处理任何事情上所必需的。

很多人自认为不比别人差，但是就是不知道为什么成绩总是不如别人，百思不得其解之后归结于运气。他们忘记了去寻找别人成功背后的原因，只会在原地怨天尤人，感叹生不逢时，从没有对自己的缺点或者不足进行纠正，只会忌妒别人的成功，殊不知这就是浮躁的表现，其结果就是一无所获。

有一位年轻人在岸边钓鱼，旁边有一位老者，他们同时在望着那条长长的鱼竿。一段时间过去了，老人时不时地就钓上来一条鱼，不知道为什么年轻人的鱼竿却一直"无鱼问津"。

年轻人终于坐不住了，他一脸疑惑地问老人："我们钓鱼的位置相同，您是不是用了什么比较特别的鱼饵啊，为什么我一无所获，而您却收获颇丰呢？"

老人笑着说道："你们年轻人的通病就是太过于浮躁，情绪也不稳定，一有不顺心的事情就烦躁不安。而我在钓鱼的时候，能够达到一种忘我的地步，我不需要做什么，只需要静静的守候就可以了，不会像你一样，时不时地提起鱼竿来看看，或者是一声叹息之后乱走一通，我这边的鱼根本就感觉不到我的存在，所以才会咬我这边的饵，你的种种举动只会把你的鱼给吓跑，当然一无所获了。"

其实在很多情况下，我们输给对方的不是外在的条件，也许我们拥有更优越的条件呢？之所以会失败是因为我们没有调整好我们的心态，没有控制好我们的情绪，这一切的一切都是浮躁所造成的，当你成为成年人的那一刻，你就应该注意控制好自己的脾性，摒弃心浮气躁的不良习惯，努力修养身心，力求平和沉稳。

【醒世箴言】

一个人如果被一些不良心态所左右，他人生的航船就会驶入浅滩；一个人如果一生都能保持美好、自信的心态，那么他人生的路就会越走越宽。

用你的热情铸就成功

热情，是一个人保持高度的自觉，对自己所做的事情尽心尽责，就是把全身的每一个细胞都调动起来，完成他内心渴望完成的工作。

热情是一种难能可贵的品质。一个人如果能够发现自己身上蕴藏着的力量，那他就会创造一个奇迹。

热情是发自内心的激情，如果一个人身上激情洋溢，那么他就是有吸引力的。

热情是一种动力，在你遇到逆境、失败和挫折的时候，给你力量，指引着你去行动，去奋斗，去迈向成功。

热忱是最有效的工作方式。一个人工作时，如果能以火焰般的热忱，充分发挥自己的特长。那么不论所做的工作怎样，都会有好运。

正如拿破仑·希尔所说："要想获得这个世界上的最大奖赏，你

就必须拥有过去最伟大的开拓者所拥有的将梦想转化为全部有价值的献身热情，以此来发展和销售自己的才能。"

成功学大师曼狄诺在《世界上最伟大的推销员》一书中写道：

我永远沐浴在热情的光影中。

热情是世界上最大的财富。它的潜在价值远远超过金钱与权势。热情摧毁偏见与敌意，摒弃懒惰，扫除障碍。热情是行动的信仰，有了这种信仰，我们就会无往不胜。

我永远沐浴在热情的光影中。

一时的热情容易做到，把渴望的心思保持一天或者一周，也不太难。但是我要做的是，养成习惯，使热情时常陪伴着我。热情是对工作的热爱。我不需要了解它，我只要知道它使我的身体健康，使我的头脑充实。

随着我的努力，热情将会变成一种习惯。首先我们养成习惯，然后习惯成就我们。热情像一辆战车，带我奔向更加美好的生活。我在微笑中期待美好生活的来临。

我永远沐浴在热情的光影中。

热情可以移走城堡，使生灵充满魔力。它是真诚的物质，没有它就不可能得到真理。和许多人一样，我曾一度以为生活的回报就是舒适与奢华，现在才知道我们热望着的东西应该是幸福。就我的未来而言，热情比滋润麦苗的春雨还要有益。

今后，我所有的日子都将与以往不同。我不再把生活中的付出当作辛劳，因为这样一来，工作便是迫不得已的苦差，伴随着无休无止的忍受。相反，让我忘记生活的艰辛，用旺盛的精力、充分的耐心和良好的状态去迎接每天的工作。有了这些素质，我将远远超过以往的成绩，时间飞逝，热情不绝，我一定会变得对自己和对世界更有价值。

第八章　心态

我抱定这样的态度，那么一切都将变得无比美好。

我知道，没有衣食住所，生活不会幸福；但是当这一切都应有尽有的时候，生活仍然不会幸福。一条小溪，最大的优点在于不断流动，一旦停下来，就成为一汪死水。对我而言，最好的事情莫过于让自己处于不断变化中。很少有人意识到，他们的幸福正是建立在工作的基础之上，取决于他们是忙碌辛苦还是静止不前的事实。幸福的第一要素就是有所作为。

做任何事情，我将尽最大努力。

我不再拒绝前行，也不再懒于付出。

从此，我将以全部的精力投入工作——不仅要完成计划中的任务，而且还要多做一些。如果我遭受苦难，正像我经常会有的命运；如果我怀疑我的努力，正像我常常想的那样，那么我仍要坚持工作。我要将整个身心倾注在工作之中，那时，天空将变得格外晴朗，在困惑与苦难中，生活中最大的快乐即将到来。

让我遵循这条特殊的成功誓言：做任何事情，我将尽最大努力。

不论你的才干多大，你的知识有多少，如果没有热情，那么，你内心的一切想象就等于是纸上谈兵。

生活中，我们总是能听到有些人抱怨工作太枯燥，与客户打交道太难。在抱怨这些的时候，不过你是否想过，很多时候，问题不在工作本身，而在我们自己身上。如果你对自己的工作没有热情，那么，即使是让你做你喜欢的工作，一段时间后你依然会觉得它乏味至极，试问，这样的人又怎么能让你的领导、同事和客户喜欢你呢？你又怎能谋求到与他人的合作？怎能获得提升？怎能产生好的业绩呢？

所以说，生活与工作中，我们需要保持热情，热情可以把枯燥无

味的工作变得生动有趣；热情可以让我们获得同事的理解和支持；热情可以激发我们自身潜在的巨大能量；热情更可以让我们获得老板的赏识、提拔和重用。总之，热情的态度，将是你取得成功的资本！

【醒世箴言】

一个人可以什么都没有，但一定要有热情。热情是一种状态，是一个人获得成功的原动力，是一个人积极向上的原动力，是一个人成就事业的源泉。

乐观者往往是最后的赢家

人生路上不可能一帆风顺，总会遇到磕磕绊绊，如果从此一蹶不振，那么有可能一生都活在失败的阴影中。如果不悲观泄气，并且把每一次的失败当成是自己的一个转折点，纠正前行路上的错误，那距离成功也就越来越近了。

所谓福祸相依，是有一定根据的。有时候生命中最大的危机常常有可能就是你最大的转机。

刚刚崭露头角的亚特·林克勒特，忽然遭到了电台的解雇，当时他非常懊恼，感觉生活中除了灰色没有别的颜色，虽然对前途一片悲观，但是回到家中，他却对妻子说："亲爱的，我终于可以自由地开创我的事业了，不必再受到电台的约束。"年轻的亚特·林克勒特摆正了自己的心态，冲着自己的事业不断地拼搏，而他也的确开始了他个人的事业。自己制作了一个节目,事后证明这是一个成功的举动,亚特·林克勒特成了五六十年代美国家喻户晓的电视红星。

做人应该是在无事时要像有事那样谨慎,而在有事的时候应该像无事那样镇定。

人生不如意事十有八九,当面对困难和挫折的时候,大部分人会怨天尤人、自怨自艾,有的甚至会一蹶不振,而只有少数的人才能在失败中看到胜利的曙光。只有保持一份乐观的心态,把失败看作是自己新的起点,才能从群体中脱颖而出成为佼佼者。著名的心理学家麦可·沙尔说:"你的才能当然重要,但相信自己一定能成功的想法常常成为决定你成败的一个关键性因素。原因是,乐观的人与悲观的人在遇到同样的挑战和失意时,各自采取的处理方式是截然不同的。"

有一位培训教师,让自己的学员尝试着去给陌生人打电话,目的是要与陌生人建立一个很好的沟通,要达到这个目的不是很容易的,当学员们打了四五个电话以后,全部毫无结果,乐观的学员说道:"这种沟通方式好像有点问题,我们换种沟通方式吧!"悲观的学员说道:"我干不了这个事。"最后培训老师总结道:自我控制是成功与否的试金石。当遇到困难时,悲观者会选择放弃,他们不愿意再去尝试,也不想去掌握其他的技能;而乐观者则不同,他们认为命运是掌握在自己的手中,如果事情进展得不是很顺利的话,他们会马上停下来总结经验,寻找新的方法,结合过去失败的经验,制订出一份新的计划,然后再去执行,因此,乐观者往往成为了最后的赢家。其实,如果我们每个人都具备这样的精神,那么在以后的路上无论遇到什么样的困难,都会攻无不克、战无不胜的。

【醒世箴言】

在慢慢的人生旅途中,荆棘与坎坷是不可避免的。当面对不是希

望出现的局面时，我们要保持一份乐观的心情，只有在这种心情作用下，一切才会重新开始。

好心态，助你拨云见日

每个人在开创自己的事业时，都必须抱着一个必胜的心态去奋斗，如果在奋斗的过程中对某些事情产生怀疑的时候，那么信念是支持我们继续奋斗下去的勇气。

有两个欧洲的皮鞋推销员去非洲推销皮鞋，但是那里的天气炎热，而非洲人都习惯光着脚。第一个推销员看到非洲人民这个样子，马上有些失望，他想："这些人都光着脚，怎么会买我的鞋呢？"于是他放弃了，回了欧洲；第二个推销员看到这个情况，则十分惊喜，他认为，这些人没有皮鞋买，等于是一个市场空白。于是他想方设法让非洲人买皮鞋，最后他大获全胜，满载而归。

从这个例子我们可以看出，不同的心态产生不同的结果。同样是面对非洲这个市场，同样面对不习惯穿鞋子的非洲人，则产生不同的心态，第一个心灰意冷，放弃奋斗；而另一个人则满怀斗志，最后大获全胜，满载而归。

在我们日常生活中，平庸的人占据着大多数，主要的原因就是心态的问题。这些人一旦遇到困难，他们就会选择最简单的方法，甚至不惜从原来的地方倒退回去，结果使自己陷入万劫不复的地步。而少数人则采取刚好的办法，当他们面对困难的时候，总是想着如何去解

第八章 心态

决当前的困难，于是便不断地想方设法，不断前进，直直走向成功。

成功在有些时候是掌握在自己手中的，成功是积极心态的结果。我们究竟能飞多高，并不单单取决于我们自己，或多或少要受到心态的影响，我们的心态在很大程度上决定着我们成败。

一个良好的、积极的心态就好像一块磁铁一样，能够把周围的人吸引到你的周围，就像美丽的鲜花吸引蜜蜂一样。如果你在工作中一直展现出一个积极向上的心态，那么你周围的同事会自然而然地聚集到你的周围。这样一来，不但为你提供了一个好的人脉还能为你提供一个更为广阔的发展空间，你也能从你的工作中受益良多。

重点大学毕业的张明，因为工作原因被分配到销售部从事销售工作，这份工作和张明的当初理想相去甚远。但是他并没有因此而消极怠工，他知道自己的目标和现实的状况，于是满怀热情地投入到工作中，他把这份热情带给了周围的同事和接触的每一个客户，让每一个人都能感受到他身上的那股热情，正是因为如此，刚刚工作满一年，就被公司提拔为销售经理。

如果每一个人都能在工作的各个方面呈现出积极的一面，满怀热情地投入到自己的工作中，即使是最平凡的工作，也会给你带来成就感和财富，而且在这其中还能够磨炼你的人格品质，为你带来大量的人脉。有很多时候，成功不仅仅取决于你所拥有的才华，而是你以一种什么样的心态去面对失败。每个人都渴望成功，那么就要在你面临挫折与困难的时候不要放弃，坚持下去，成功就在下一个路口。

拿破仑·希尔曾经说过："把你的心态放在你所想要的东西上，使你的心远离你所不想要的东西。对于有积极心态的人来说，每一种逆境都含有等量或者更大利益的种子，有时，那些似乎是逆境的东西，其实往往隐藏着良机。"

221

20世纪70年代,新加坡的旅游业还不是很发达,这个国家很想借助旅游业来带动本国经济的发展,这让旅游局的官员非常头疼,于是给总理写了一份很消极的报告,意思是说,新加坡的旅游资源比较匮乏,不像埃及有金字塔、中国有长城、日本有富士山等,我们这里除了四季直射的阳光,什么都没有,要想发展旅游业很困难。总理在看过旅游局的报告后很生气,在报告上批注了一行字:你想让上帝给我们多少东西?阳光,有阳光就足够了!

面对不可更改的事实,新加坡政府在阳光上做起了文章,种植绿色植物,在很短的时间内获得了"花园城市"的称谓,从此之后,发展本国的特色,连续多年,旅游业的收入位居亚洲前三强。后经过人们的总结,对此称为"阳光心态"。

有位记者在采访芝加哥大学校长时提问道:"请教他是如何对待生活中的不利因素的?"校长回答道:"我一直遵循已故的西尔斯百货公司总裁朱利斯·罗森沃德的建议:'如果你手中只有一个柠檬,那就做杯柠檬汁吧!'"

这正是这位芝加哥大学校长所采取的方法,可是现实中有很多人刚好相反:如果有人发现命运仅送给了他一只柠檬的话,他会立刻放弃并说道:"我的命怎么这么不好呢!一点机会也不给我。"于是他们开始自怨自艾,怨天尤人,并且成为世界的对立面。如果有个拥有好心态的人发现自己只剩下了一个柠檬的话,他会想到:"我可以从这不幸中学到什么呢?如何才能改变这种境遇呢?怎么做才能把柠檬变成柠檬汁呢?"

要想自己不被残酷的现实所折磨,就要拥有一个好的心态,在其中不断地去挖掘,利用好自身的优势,虽然我们不能改变环境,但是我们可以改变我们自己,没有人能够夺走你成为"自己主人"的权利。

其实生活对我们每个人都是公平的，仅仅是因为我们所持有的心态不同，命运就产生了很大的不同。持有消极心态的人，对生活习惯了逆来顺受，忍气吞声，驻足不前，慢慢地理想就变成了泡影。而持有积极心态的人，很快就能从阴影中走出来，用一种积极的心态去思考，自然而然地就会成功。

虽然说机遇往往是成功的催化剂，但关键还是要看人们的心态是积极的还是消极的。成功的道路并不是一帆风顺，所以，当我们遇到苦难的时候要用一种积极的心态去面对。

积极就是一种乐观向上的态度，它是一种拼搏的精神，如果你想拥有一份成功的事业或者是美满的生活，积极的心态都是必不可少的。生活是双面的，有阳光的一面，也有阴暗的一面，如果你总是盯着阴暗面的话，那你的世界也一直是黑暗的，如果你用另外一种角度去看待生活的话，阳光会时刻伴随你的左右，让你的生活变得丰富多彩。

【醒世箴言】

一个人能否成功，关键在于他的心态。成功人士与失败人士的差别就在于成功人士有积极的心态，而失败人士则习惯于以消极的心态去面对人生。

卓越心态：成功的保证

生活中，我们常常发现这样一些人，当他们发现自己在一些方面超越别人之时，他们就会沾沾自喜，自以为自己优秀过人，其实，这是不足取的，要知道，优秀不是卓越，卓越要凌驾于优秀之上。追求卓越的过程是一个任重而道远的过程，这个过程会磨砺你，把你带向更加完美的境界。每个人都难以达到十全十美，但是，追求的脚步却不应该停止，卓越的心态也不应该泯灭，否则，等待你的只能是在原地徘徊。

正因为如此，所以，世界上有很多人不满足于过一种温饱的生活，不满足于现有的成就，他们认为现在的自己永远是有待完善的，源于这样一种心理，他们常常把现在的地位和自己所期待的位置进行比较，并以此激励自己不断努力，努力塑造理想中的自我。

所以，只有不甘平庸，不满足于现状，我们才会对生活有所追求，才能使我们热血沸腾、干劲十足，才会使我们加倍努力。

有一个名字叫何永智的人，她曾经在一个制鞋厂工作，生活很是清贫。为了摆脱这种生活，后来，何永智做了一个重大的决定，把房子卖掉，做生意。卖掉房子后，何永智用卖房子的钱买了一间门市房来经营服装和皮鞋生意。做了一段时间这个生意后，她赚了一些钱，但在此时，她发现经营火锅店很是赚钱，于是，何永智果断地关闭了原来的店铺，开了火锅店。

第八章 心态

然而，刚刚开始的一段时间，由于没有经验，结果生意并不好，亏损。经过这段时间的磨合，何永智意识到，如果想把火锅生意做好，首先要注重两个方面：一是口味，二是服务。所以，她决定在口味和服务上进行改革，慢慢地，生意一天天好起来，而且越来越红火，此时，火锅店一天的收入就相当于她过去一个月的工资，但她并不满足。她盼望着能将自己的火锅店经营成这条街上的"火锅皇后"。为了达到这个目的，何永智废寝忘食，把所有的精力都用在经营上，6年后，她果然实现了这个愿望。这个愿望达成之后，何永智又有了更大的梦想，她要将自己的火锅店发展成连锁店，为了这个目的，她又开始努力，终于，她开设了第一家分店，后来，她相继在周边地区开设分店，影响越来越大。

古人云："大志得中，中志得小，小志不得。"人要有理想，要有事业心，绝不能让自己庸庸碌碌地度过一生。但是，人生的志向并不是超越别人，而是超越自己。刷新自己的纪录，以今日更新更好的表现凌驾在昨天的成绩之上。一个人追求的目标越高，他的才智就发展得越快，对社会就越有益。是什么让一个人的理想发生偏移？是年华的老逝，是岁月的蹉跎，还是职业的倦怠？就是卓越的心态。

然而，从优秀到卓越绝对不是一蹴而就的。从优秀到卓越的转变，是一个积累的过程，是一个循序渐进的过程。卓越的人才不是一天就能炼成的，也不是靠一次决定性的行动、一个伟大的计划、一个好运气，或灵光一闪而造就。所以，不管你有多大的才干，都不要停止追求的脚步，不要熄灭前进的灯火，要勇于突破，追求卓越。如此，你才不会被平庸的心态淹没，才不会白白葬送自己的天赋，才可以从自己的努力过程中获得更多的成功，创造更多的快乐。

【醒世箴言】

人可以平凡，但不能平庸。当你用卓越的心态面对失败的时候，即使再平凡的岗位，你都可以成就不凡的事业，达到卓越的目标，成功就与你天涯咫尺了。

进取心是一个成功人士必须具备的品质

生活中有一些人，在刚刚走入社会的时候很有运气，仅仅一年就从一个名不见经传的小职员坐上了经理的位置，如此迅速地上升，自然这样的人内心就会产生骄傲自满的情绪，整日只想着其他事情，而缺少进取心，结果升得快摔得也快，很快他们就又回到了从前。所以，在人生的道路上，我们应该定期地读书来满足自己的精神饥渴，不断地为自己充电加油，只有这样，我们成功的机会才会大大增加。

鲁迅说："不满是向上的车轮。"人生在世，无论你取得多么大的成功，无论你有多么优秀，都不要就此驻足不前，应当不断地发展自己、丰富自己，努力追求新的发展，寻求新的增长机会，也就是说，在生活与工作中，我们要开阔自己的视野，改变自己的生存环境，在否定与激励中，不断超越自己。这是每个人应当必备的一种积极心态。这种心态能促使一个人做他自己应该做的事，而不是在被动的状态下接受任务。

有人曾这样说过："你是否听说过这样的事：一个人以英勇的姿

第八章　心态

态、宽广的胸襟、真诚的信念和追求真理的决心行事处世，竟然没有任何收获？一个人穷尽毕生精力向着一个目标努力，竟然会一事无成？一个人始终有所期望、受到持久的激励，竟然无法使自己提升？难道这些努力会白费吗？"

有两个和尚分别住在相邻的两座山上的庙里。两山之间有一条溪，两个和尚每天都会在同一时间下山去溪边挑水。久而久之，他们便成为好朋友了。

弹指一挥间，不知不觉，时间在每天挑水中，一晃就是五个春秋。

忽然有一天，左边这座山的和尚没有下山挑水，右边那座山的和尚心想："他大概睡过头了。"便不以为意。哪知第二天，左边这座山的和尚，还是没有下山挑水，第三天也一样，过了一个星期，还是一样。直到过了一个月，右边那座山的和尚，终于按捺不住了。他心想："我的朋友可能生病了，我要过去探望他，看看能帮上什么忙。"于是他便爬上了左边这座山去探望他的老朋友。

等他到达左边这座山的庙看到他的老友之后，大吃一惊。因为他的老友正在庙前打太极拳，一点也不像一个月没喝水的人。他好奇地问："你已经一个月没有下山挑水了，难道你可以不用喝水吗？"左边这座山的和尚说："来来来，我带你去看看。"于是，他带着右边那座山的和尚走到庙的后院，指着一口井说："这五年来，我每天做完功课后，都会抽空挖这口井。虽然我们现在年轻力壮，尚能自己挑水喝，倘若有一天我们都年迈走不动时，我们还能指望别人给我们挑水喝吗？所以，即使我有时很忙，但也没有间断过我的挖井计划，能挖多少算多少。如今，终于让我挖好井，我就不必再下山挑水，我可以有更多的时间，来练习我喜欢的太极拳了。"

正是进取心——这种永不停息的自我推动力，激励着左边这座山

的和尚朝着自己的目标前进。

南怀瑾说:"历史上的伟人,第一等智慧的领导者,晓得下一步是怎么变,便领导人家跟着变,永远站在变的前头;第二等人是应变,你变我也变,跟着变;第三等人是人家变了以后,他还站在原地不动,人都走过去了他在后边骂:'格老子你变得那么快,我还没有准备你就先变了!'三字经六字经都出口啦,像搭公共汽车一样,骂了半天,公共汽车已经走到中途啦,他还在骂。这一类的人到处都是,竞选失败了,做生意失败了,都是这样,一直在骂别人。所以大家都要做第一等人。知道怎么变,等它变到了,你已经在那里等着了。"

幸福大陆的海滩上到处都布满了航船的残骸,其中的很多船都是由那些具有非凡能力的人所驾驶的。对于那些人来说,他们缺少的是勇气、执着和信心,因此他们没有成功。他们的结局反而不如那些能力较差的冒险者,那些人因为充满了坚定的信心而取得了最后的成功。对于那些起初满怀希望,到后来却以失败而告终的人们,如果探究其中最主要的原因,那就是缺乏进取心与意志力。

【醒世箴言】

如果说成功就是把能力最大限度地发挥出来,那么,成功是没有止境的,成功后你就不会停留在顶端,而是在成功之后取得更大的成功。

第八章 心态

保持积极的心态

心理学家通过研究发现这样一种情况：一个人之所以会被击败，这与外界环境的阻碍并没有多大的关系，更重要的因素在于他对环境如何反应。保持积极心态的人无论在任何情况下都会用最乐观的精神支配自己的人生；而拥有消极心态的人却总是将自己置身于曾经的种种失败与困惑的阴影里。生活中既没有一帆风顺，也不可能总是处在困境之中，自然，再强的人，其心态也会有消极的时刻。然而，如果你相信自己的能力，而且会努力去做，那么，实现成功并不困难。相反，如果你的脑子总是被沮丧、失落、绝望所占据，这样的人往往是手里做着这件事，而脑子里却想着相反的事情。他们从不会对胜利充满信心，不会用积极的态度对待自己正在进行的工作、对待自己想要得到的事情，他们总是生活在消极的状态中，或是没有信心，或是回避。他们也许有追求财富的想法，但思想上总是想着自己很贫穷，或是对自己的能力持怀疑的态度，怀疑自己的能力。从一定意义上来说，由于你的思想不能够与行动很好地配合，结果导致你的很多能力会被严重压制。你只会变得越来越消极，即使你做了很多努力，最终也难以成事。所以，要想成功的人，最根本的就是采取积极的态度，对成功充满信心。他的想法必须上进、有创造性和建设性，并且一定要乐观。

曾经有个人，他曾通过近半生的努力和奋斗构筑了自己的事业

王国，然而，不幸的是，自己辛苦构筑的王国却在一场金融危机中毁于一旦。他变得一贫如洗，除了勇气之外，他什么也没有了。但现实却是他还要养活一大家子人。很多人都说："完了，这次对他的打击那么大，他会一蹶不振的。想要翻身不容易啊！"然而，即使遭受了这样沉重的打击，他依然保持自己顽强的意志不动摇，并坚信虽然自己现在一无所有，但将来自己的王国还会重新建起。带着胜利的决心，他勇敢地面对现实。结果，几年后，他真的做到了，重振昔日的雄风。

你的思想指引着你的发展方向。如果你想变得富有，但是你的心里又深深地认为自己很难变得富有，同时这种意识支配了我们的行为，怀疑自己的能力，不自信，或是畏惧，这些注定你不能摆脱贫穷。反之亦然，如果你千方百计地抵御、拒绝有关贫困的想法，那么你就会向着富有迈进。

所以，我们一定不能在自己拼命挣钱的时候还在思想上认为自己不会富有。我们一定要保持一种积极的思想态度。这样一段时间后，你会惊奇地发现，那些你曾为之疯狂、为之奋斗的目标竟已来到你的面前。

由此来说，拥有积极的心态是十分重要的。但是，也不可否认，生活中我们常常能听到这样一种声音"你这是站着说话不腰疼，你不是我，当然不知道我有多惨"。然而，说这种话的人也许你忘记了，成功的人之所以能获得成功，并不是因为他们没有经历过艰难困苦，而是因为他们相信自己会取得成功。

可见，人不能成为外界的傀儡、环境的奴隶，我们要努力创造适合自己的环境和条件。任何事情的发生都是有理由的，这个理由就是我们的思想。我们对待事物的思想态度会创造成功或失败的环境。所以说，积极的思想决定一个人的成功。

马特恩设计过一套公式：

1. 孤立弱点，将它研究透彻，然后设计一个计划加以克服。
2. 详细列出你期望达到的目标。
3. 想象一幅将你自己的弱势变成强势的景象。
4. 立即开始成为你所希望的强人。
5. 在你的最弱之处采取最强的步骤。
6. 请求他人的帮助，相信他们会帮助你的。

因此，如果你想让自己的人生发生转折，那就停止一切消极的思想吧。不要总想那些你担心害怕的事，它们是你成功路上最大的绊脚石，丢掉它们吧！尽你所能去想一些积极的事情，你会惊奇地发现，你如此之快地就得到了你想要得到的事物。

【醒世箴言】

做任何事情必须具备良好的心态，以充满活力和阳光般的心态面对生活，积极应对更高的挑战。如此，才能获得充实向上的人生，达到原来无法企及的目标。

不要怀疑自己

莎士比亚说："怀疑是我们身上最可耻的叛徒，当我们总是怀疑一种获得利益的尝试是否可行时，我们已经失去了本该获得这种利益的机会。"怀疑是人类每天必须面对的最阴险的敌人之一。它会阻挡我们在转弯处的去路，甚至在我们做出了选择之后，它还会在后面像影子一样跟着我们。

"我可以这样做吗？"

"这种方式是否可行呢？"

"用其他方法来做这件事是不是更好呢？"

"这项工作凭我个人的力量能够完成吗？"

"究竟是现在开始做，还是再等等呢？"

"不要那样做。这是一件危险的事情，也许有一个更好的机会，再等等吧！现在还不是开始行动的好时机。你没有足够的资金、足够的影响力，你会失败的。好好等待时机，直到你有了更多的钱，直到条件准备得更充分。"

……

这些都是我们曾有过的经历，一旦我们下决定或者做出选择时，"怀疑"就会悄悄地走入我们的心，主导我们的思路，削弱我们雄心的力量，甚至会动摇我们的心志。就这样，那些早已在我们的生活中充满了期待的事情，那些我们早已确信完全可以进行并获得巨大成功的事情，就永远不会真正开始。我们开始怀疑并开始等待，直到我们完全丧失做这件事的勇气。

怀疑，是我们身上的叛徒。怀疑，使我们容易背叛我们试图去完成的事业，使我们容易背叛我们期待去实现的目标。"怀疑"更是决心和毅力的杀手，是雄心的敌人，是希望和计划的破坏者。

山顶上，狼吃了一只羊。恰好被狐狸看见了，它扯开嗓子大喊起来。

它本来要喊的是："羊被狼吃了！"但发生了口误，喊成了："狼

第八章　心态

被羊吃了！"风儿把狐狸的话吹遍了山林。

羊群听到喊声，精神大振。它们说："不知哪位同胞给我们羊出了气、争了光，看来狼并不可怕！我们还等什么？冲上去，找狼算总账！"

羊群潮水般地向狼发起了攻击！

同时，狼群也听到了狐狸的喊声，它们一起愣住了："这是真的吗？如果是真的，那也太可怕了！如果不是真的，狐狸为什么说得如此肯定呢？"

就在它们六神无主的时候，大批红了眼的羊冲到狼群跟前。狼群惊慌失措，撒腿四处奔逃。

山林中奇特的游戏很快结束了，羊和狼后来也都知道了真相。它们分别谈了自己的感想。

羊说："胜利的消息无疑会激励斗志，即使这个消息并不确切。否则，我们怎么会向狼发动攻击并取得胜利呢？"

狼说："我们过于相信自己的耳朵却忽略了脑子的功能，否则，我们怎么会蒙受如此奇耻大辱？我们不是被羊打败的，是自己打败了自己！"

很多时候，我们就如同羊一样，面对自己时总是会产生怀疑。我们怀疑自己是否会失败，是否会遭到拒绝，太多的怀疑让我们对于自己要面对的一切都怯步了。

然而，当你怀疑自己能否做成正在努力做着的事情时，你是否意识到，由此你剥夺了自己去争取成功的资格，你正在自己前进的道路上设置绊脚石，而且你根本无法完成你希望做到的事，你正在驱逐那些本来吸引你的东西。

你知不知道，你所持的每一种怀疑情绪都是你希望的损坏者，是你志向的破坏者。怀疑情绪还纵容你每次都给"消极气馁"让路，这样，你手头正在从事的工作会变得越来越艰难，到最后，你就根本无法完成你已经开始着手的事情。

这就是怀疑者，他们一方面总是犹豫不决，从不知道自己的确切想法，另一方面，他们总确信到了明天他们会对自己手头想做的事了解得更多，这样就能作出更完美的决定。但是，这样的"明天"对他们来说却总是遥遥无期。

这就是怀疑，多么可怕的敌人！

所以，当一种"怀疑"要进入我们的思维时，我们应该把它关在外面，向它关上大门，并且彻底驱逐它。要在自己的心中树立这样一种信念：相信你能够完成任何你想完成的事情，并且坚信这项任务值得你付出努力。这种自信可以激励我们的斗志，帮助我们完成难以完成的事情。

【醒世箴言】

如果"怀疑"可以吸引我们的注意力，并把我们骗去听了它的话，那么，它会让我们丧失勇气并感到沮丧，最后我们就会遇到怀疑的孪生兄弟——失败。

第八章 心态

最优秀的人就是你

心理学曾做出过这样的总结:"任何心理障碍都可以从本质上归结于没有自信。"

自信,就是相信自己的能力,是克服困难的巨大动力,是成功者必备的心理素质。其实每个人都应该拥有自信,上天给予每个人的都是同样的一个开始,它需要我们自己去创造,去寻找属于自己的路,每个人都有自己的优势,只要找准自己的位置,一定可以走出自己的"罗马路"。相信人生最大的宝库并不在别处,而是在你自己的身上,那么你就能从芸芸众生中脱颖而出。

英国作家夏洛蒂很小就认定自己会成为伟大的作家。中学毕业后,她开始向成为伟大作家的道路而努力。当她向父亲说明这一想法时,父亲却说:"写作这条路太难走了,你还是安心教书吧!"面对父亲的否定,她并没有灰心而是给当时的桂冠诗人罗伯特·骚塞写信,两个多月后,她日日夜夜期待的回信却这样说:"文学领域有很大的风险,你那习惯性的遐想,可能会让你思绪混乱,这个职业对你并不合适。"面对一次次的否定,夏洛蒂并没有放弃自己的信念,他相信以自己在文学方面的才华,不管有多少人在文坛上挣扎,她也会脱颖而出。她要让自己的作品出版。终于,她先后写出了长篇小说《教师》《简·爱》等,成为19世纪英国文坛上一颗璀璨的明珠。其中处女作《简·爱》至今仍受到广大读者的欢迎。

人生就是这样，面对挑战，你若先说不可能，你就会不断调低生活目标，放弃许多可能存在的生命精彩，最终成就了一个平凡人平庸的人生。可一旦我们背起生活的行囊，接受命运的挑战，并告诉自己："我能行"时，那些在别人看来不可能的事，也会按照那个人信念的强度如何，而从潜意识中激发出极大的力量来。这时，即使表面看来不可能的事，也能够做到了。

可见，人的心病往往与缺乏自信紧密相连，建立自信是解除心理障碍的关键所在。所谓提高自信心，就是相信自己有获得成功的能力，能够创造幸福的生活。这种可贵的品质可以帮助我们达到目标，解除心理困惑与心理障碍，扩大我们对幸福的感受力。

然而，一个人如何真正拥有自信呢？

第一，要认识自我。

智者苏格拉底认为，认识你自己是人生智慧的开端。世界上万物都有其固有的规律和方式，每件事物都在适合自己发展的轨道上发展、成长，人类也是如此，唯有正确地认识了你自己，才能找到成功的途径。

如今，随着社会的不断发展，人们对于自我的认识也进入了一个突破性的新阶段。事实上，每个人都有巨大的潜能，每个人都有自己独特的个性和长处，每个人都可以选择自己的目标，并通过不懈地努力去争取属于自己的成功。认识自我，是我们每个人自信的基础与依据。即使你处境不利、遇事不顺，但只要你赖以自信的巨大潜能和独特个性以及优势依然存在，你就可以坚信：我能行，我会成功。

第二，要克服自卑。

自卑是一种可怕的消极心态。怀有自卑情绪的人，遇事总是认为"我不行""这事我干不了""这个任务超出了我的能力""这是不可能的事"，没有开始尝试就给自己判了死刑。其实，任何人都无须自卑，每个人都有缺点和优点，重要的是要认识到自身的优点和缺点，面对不足，要加以完善。

世界是由丰富多彩的物质组成的，每个人都有属于自己的角色，重要的不在于我们做什么，而在于我们能否成为一个最好的自己、接受我们自己并深深地喜欢自己。

克服自卑主要从两方面入手：一方面是自身，努力消除引起自卑的根源，提高自己的实力，从而提高自信的水平；另一方面是他人，以别人的评价与态度作为自我评价的主要标准，用别人的评价与态度来调节自己的行为，从而达到提高自信的目的。

第三，敢于接受挑战。

有人说，生命的开始便象征着生命的结束。这句话，曾经有许多人见证为这是个哲理。的确，一个人生命的诞生，在多年以后，就将面临死亡，这是很正常的。可是，你是否会在这么多年的时间里，好好地生存，活得轰轰烈烈、潇潇洒洒。要知道，生命的辉煌是"搏"出来的。

很多时候，当我们咬牙往前一冲，别有洞天的美景佳境便会呈现在眼前，而畏惧挑战，便被阻碍在成功入门之外了。在这个世界上所有的伟大成就，所有的人间奇迹都是如你我一般的普通人创造的，没有法力无边的神仙，只有意志、信念坚定的凡人。这个世界上没有什么事情是能或不能，有的只是要或者是不要，只要想要，注定办到。

【醒世箴言】

有自信心的人，可以化渺小为伟大，化平凡为神圣。人生中的坚忍、勇敢、信心、恒心、克服困难、战胜困难等一切美德，都产生于自信心。自信是成功的前提。

一定要有雄心

中国人崇尚知足常乐，以此作为精神境界。如果确实能清心寡欲，那也未尝不是好事，但如果想得到而得不到，只好龟缩在角落里，享受着"知足常乐"的滋味，那就是一种逃避，是无能和怯懦。

雄心是一种积极的心态，表现为对自己眼前的现状的不满足，进取的积极心态，是每个成功人士都应具备的，是迈向成功的基础。

有一位法国画家，在他年轻的时候，生活十分穷困。后来，他以推销装饰肖像画，结果在不到10年的时间里，他成功跻身于法国50大富翁的行列之中。然而，命运往往总是喜欢与人开玩笑，很不幸，他患了癌症，他去世后，报纸刊登了他的一份遗嘱。在这份遗嘱里，他说："曾经的我是一位穷人，在以一个富人的身份跨入天堂的门槛之前，我希望把自己成为富人的秘诀留给世人，如果有谁能将'穷人最缺少的是什么'这个问题回答正确，那么，他的奖金就是我留在银行私人保险箱内的100万法郎的奖金。"

遗嘱刊出之后，近两万人寄来了自己的答案。一部分人认为，穷人之所以穷，最缺少的是机会；有一部分人认为，穷人最缺少的是技能，有一技之长才能致富……后来，他的律师和代理人在公证部门的监督下，公开了他致富的秘诀：穷人最缺少的是成为富人的雄心。

画家的谜底公布后，富翁们无不承认："雄心"是永恒的成功特效药，是所有奇迹的萌发点。的确，在这个平等的社会中，没有人生来就握着黄金权杖，也没有人不能用自己的双手改变命运。关键的问题是我们想不想，要不要。

随着人类社会生产力的发展，物质生活水平的整体提高，社会生存的竞争也越来越激烈。要想在竞争激烈的社会上站稳脚跟，没有一点雄心是行不通的。当志存高远，人的志向与成就从来是密切相关的。如果没有远大的志向，就不可能成就大业。一般来说，对自己的要求越高，取得的成就就越大；对自己的要求越低，取得的成就则越小，甚至会一事无成。一个人即使身居陋室，饔飧不继，只要有远大的理想和抱负，也能憺然前行，干出一番经天纬地的事业。

然而，生活中很多人不敢去追求成功，原因并不是他们追求不到成功，而是因为他们的心里默认了一个"心理高度"，这个高度常常暗示自己的潜意识。在职业发展过程中，若能够摆脱"心理高度"的限制，冲破常人望而却步的"心理制高点"，那么我们的职业发展空间和成功率将会很大。

要知道，虽然人生的道路曲曲折折，但成功道路的大方向是不变的。对人生来说，重要的问题不在于你原先在哪里，现在又在哪里，而是在于你是否有雄心。没有雄心的人，只能是在人生道路上徘徊。而有了雄心却常常能奇迹般地把人引向实现目标的征途，真正到达成功的巅峰。

人生中有些事相当无奈，每个人在踏上新的历程时，都无法确切了解自己究竟该走向何方，也无法完全清楚究竟该如何达到目标。但重点在于你所行进的方向。从出发点到终点不太可能是完全笔直的线，我们时而偏左，时而偏右。如果方向定得足够清楚明确，在前进的过程中，可根据实际情况，将这一切迂回曲折统统纳入我们的计划中。这样，在不断修正的过程中，我们的雄心逐步得逞，成功也就不可避免地到来了。

如果你暂时没有成功，没有地位、财富，无关紧要，只要你有雄心，有把雄心贯彻到底的智慧和毅力，你的雄心越大，就会对目标越执着，你成功的机会就越大；相反则越小。但是，雄心不是天生具备的，这需要我们后天的培养，遇到困难的时候要勇敢地去接受，不要想着逃避，这样，才会使我们离成功越来越近。

【醒世箴言】

改变命运常常是很难的，但只要你有了雄心，立刻就会变得很简单。雄心是将愿望转化为坚定信念和明确目标的熔炉，是永恒的特效药，是所有奇迹的萌发点。

态度决定高度

人的一生中，难免会遇到各种各样的问题，总会遇到一些不称心的人，不如意的事，此时，应该以什么样的心态面对这一切呢？如果你有快乐而又自信的好习惯，那么你的命运也随着你的好心情而转弯。

李贵是一个公司主管，同事们对他的评价，就是他总是拥有好心情，能够给人带来快乐。

如果他发现哪位同事心情欠佳时，他就会告诉对方怎样看事物的正面。他说："每天早上，我一醒来就对自己说，李贵，你今天有两种选择，你可以选择心情愉快，也可以选择心情不好，我选择心情愉快。每次有坏事情发生，我可以选择成为一个受害者，也可以选择从中学些东西，我选择后者。人生就是选择，你选择如何去面对各种环境。归根结底，你得自己选择如何面对人生。"

有一天，他忘记关后门了，被三个持枪的歹徒拦住了，歹徒朝他开了枪。

幸运的是，事情发现得较早，李贵被送进了急诊室。经过18个小时的抢救和几个星期的精心治疗，李贵出院了，只是仍有小部分弹片留在他体内。

6个月后，有位大学生见到了他，并问他近况如何，他说："我十分快乐。给你们看一下我的伤疤？"那位大学生看了伤疤，然后问当时他想了些什么。李贵回答道："当我躺在地上时，我对自己说有两个选择：一是死，一是活。我选择了活。但是，在医护人员把我推进急诊室后，我从他们的眼中看到了'他是个死人'。此时，我意识到我必须要让他们看到我的求生欲望。"

"你是怎么做的？"大学生问。

李贵说："有个护士大声问我有没有对什么东西过敏。我马上答，有的。这时，所有的医生、护士都停下来等我说下去。我深深吸了一口气，然后大声吼道：'子弹！'在一片大笑声中，我又说道：'请把我当活人来医，而不是死人。'"

李贵就这样活下来了。

命运就是这样，如果你能以一种豁达开朗、乐观向上的心态去构筑它，你的日子就会变得灿烂而光明。反之，如果你一味囿于忧伤、哀怨的樊笼，你的眼里就看不见灿烂和光明，长此下去，你不仅可能会丧失对美好生活的信念以及为信念而努力拼搏的勇气，而且还可能永远体会不到那些构成我们生命之链的最近、最真的细碎快乐。

生活中，人们常常为目标的遥远感到痛苦和沮丧，似乎自己这一辈子都接近不了目标，事实上，任何理想的实现都不可能是一蹴而就的。同样地，任何付出都不会没有收获，只要你不失望，不半途而废，就有成功的那一天。只是在坚持的过程中我们要学会用轻松而不是压抑的心情去接近我们的目标。

那么，怎样才能使自己变成一个真正快乐的人？只有正确地对待生活，保持良好的心态才能克服以上提到的困难，从而快乐地生活。快乐是生活的赐予，我们谁都可以拥有。它不是商品，不是专利。一个人快乐与否，要看你自己怎样去寻找、去操作、去经营。

所以，我们应该养成习惯，面对所有的打击我们都要坚忍地承受，面对生活的阴影我们也要勇敢地克服。要知道，任何事物总有光明的一面，我们应该去发现光明的一面。垂头丧气和心情沮丧是非常危险的，这种情绪会减少我们生活的乐趣，甚至毁灭我们的生活本身。

到处都有明媚宜人的阳光，勇敢的人一路纵情歌唱。即使在乌云的笼罩之下，他也会充满对美好未来的期待，跳动的心一刻都不曾沮丧悲观；不管他从事什么行业，他都会觉得工作很重要、很体面；即使他穿的衣服褴褛不堪也无碍于他的尊严；他不仅自己感到快乐，也会给别人带来快乐。

我们还要唉声叹气吗？我们为什么不做个快乐的人呢？生活中有不顺、有烦恼、有压力，但只要你保持愉快的思想，你就会发现更多的快乐。

永远不要忧虑，永远不要发牢骚。如果我们一直向前看，生活积极乐观，工作勤奋努力，就一定会把握幸福的命运。地底下的种子从来不怀疑总有一天它会破土而出，长成一棵幼苗，长出枝叶，并且一定会开花结果。它从来不问自己，怎么才能突破压在头上的厚厚的土层。它从不抱怨成长的过程中碰到顽固的石头和沙砾，而是不断地把自己柔嫩的根须一点一点向上顶出，透过石头和沙砾，坚忍勇敢地成长着，直到露出地面，长出枝叶，并开花结果。从这颗幼小的种子那里，我们可以学到从无名之辈成为社会名流、从无知愚昧变得文明开化的成功奥秘。

【醒世箴言】

快乐是属于你的，你自己的快乐只有你自己才能寻找得到，如果你自己放弃了快乐的权利，那你也就放弃了生活，放弃了你自己，那么，谁也帮不了你。